누가 하늘을 도와 이 아름다운 누각을 세웠는가

죽서루

차장섭·배재홍·김태수 지음

이담
Books

❀ 죽서루 서측 전경

1980년대

2000년대

❀ 죽서루의 사계

봄

여름

가을

겨울

❀ 죽서루의 북측 전경

❀ 죽서루의 남측 전경

동 측면

서 측면

상층기둥

북1협간 동쪽

하층초석

기둥

서남 우주 상부

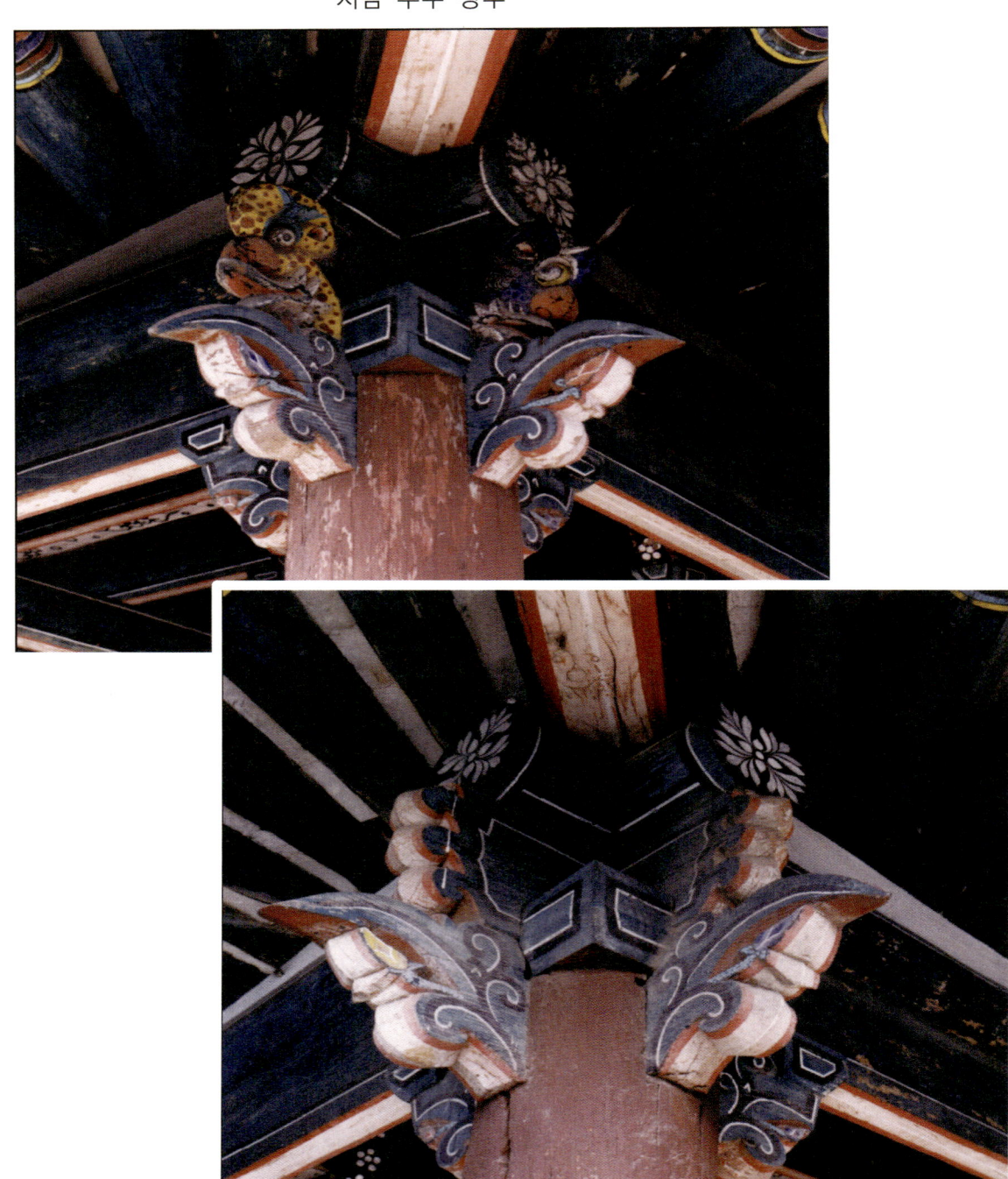

동남 우주 상부 · 용조각 장식

상부 가구

북2협간 천장

서측 주심포

동 측 주심포

죽서루 대나무 숲

누각 동쪽 대나무 숲 너머에 '죽장사'라는 절이
있었으므로 '죽장사 서편에 있는 누각'이라 하여
"죽서루"라고 이름 지었다.

죽서루를 펴내면서······

  우리나라는 어느 고장을 가든지 그 지역을 상징하는 정자나 누각 같은 유서 깊은 옛 건축물 한두 개는 만날 수 있다. 이는 삼척도 예외가 아니어서 오십천가 층암절벽 위에는 날개를 펼쳐 둥지에 내려앉는 학처럼 고고한 모습의 죽서루가 우뚝 솟아 있다. 이 죽서루는 현존하는 관동팔경의 누각 중 가장 크고 오래된 것으로 보물 제213호로 지정되어 있다. 그리고 2007년 12월 11일 삼척의 죽서루와 오십천은 명승으로 선정되었다. 관동팔경 대부분 강원도 유형문화재인데 반해 죽서루는 국가지정 보물이며, 오십천과 함께 다시 국가지정문화재인 명승으로 선정된 것이다. 아마 외지인들은 삼척 하면 가장 먼저 죽서루를 떠올릴 것이고 죽서루 하면 삼척을 연상할 것이다. 죽서루는 삼척이 자신 있게 내세울 수 있는 자랑거리라 하지 않을 수 없다.

  이러한 죽서루가 언제 누구에 의해 건립되었는지는 분명하지 않다. 다만 현존하는 죽서루 관련 시(詩)로 보아 고려시대인 12세기 후반 이전에 창건되었음은 틀림없다고 하겠다. 하여튼 건립 이후 죽서루에는 삼척을 찾은 관리와 시인 묵객들의 발길이 사시사철 끊이지 않았다. 그들은 건물 자체의 역사나 웅장함뿐만 아니라 주위의 뛰어난 경관에서 느낄 수 있는 시원한 눈맛에 매료되어 예외 없이 죽서루를 관동팔경 중 제1경으로 꼽았다. 그리고 그들은 죽서루의 아름다운 풍경에 대한 자신들의 시각적 이미지를 시로 읊었다. 그 일부가 현판에 새겨져 지금도 죽서루 누마루 기둥에 걸려 있다.

　　그러나 세월의 흐름과 시대의 변화에 따라 건물은 옛 그대로이나 주위 경관은 완전히 달라졌다. 그 옛날 시인 묵객들이 그렇게 찬사를 보냈던 아름다운 주위 경관은 온데간데없고, 다만 누마루 기둥에 덩그렇게 걸려 있는 현판의 시를 통해 옛 아름다움을 유추해 볼 수 있을 따름이다. 삼척의 문화지도를 그리는 데 있어서 중심이 되어야 할 죽서루가 높고 낮은 콘크리트 장벽에 둘러싸인 외로운 누각 고루(孤樓)가 되어 버려 안타까움을 떨쳐 버릴 수가 없다. 이제 죽서루에 오르는 사람들도 그저 한여름 무더위를 식히기 좋은 장소쯤으로 생각하지 않을까 걱정이 앞선다.

　　이번에 우리가 「죽서루」란 조그마한 안내서를 펴내게 된 것도 우리들의 기억에서 희미하게 사라져 가는 죽서루의 위상을 되살려 보자는 바람에서이다. 그동안 죽서루에 대한 무관심의 반성이라고 하겠다. 이를 위해 죽서루의 역사, 건축 구조 등에 대한 설명을 담았고 아울러 현판의 한시와 기문 등을 한글로 번역하여 실었다. 또 죽서루의 이해를 돕기 위해 주변의 유적, 관련 인물 등의 설명도 간략하게 보태었다. 제1장 죽서루 개관은 차장섭, 제2장 죽서루의 현판은 배재홍, 제3·4장 죽서루 주변유적과 인물은 김태수가 정리했다. 아무쪼록 이 안내서의 간행이 죽서루를 이해하는 데 조그마한 도움이 되었으면 한다. 나아가 이를 계기로 죽서루에 대한 관심과 사랑이 한층 높아진다면 그보다 더 큰 보람은 없을 것이다. 끝으로 사진 자료를 챙겨준 삼척시청 사진작가 심영진님과 책의 출판을 위해 애써주신 모든 분들께 감사드린다.

2010년 4월
글쓴이 모두가

竹西樓 차례

1장   죽서루 개관

1) 누각의 개념

삼척시 성내동 오십천가 절벽 위에 자리한 보물 제213호인 죽서루(竹
西樓)는 누각(樓閣)이다. 누각이란 일반적으로 기둥이 층받침이 되어 마루
가 높이 된 중층(重層)의 다락집을 말한다. 보통 누각의 1층 바닥은 자연
상태 혹은 기단으로 남겨 두고 그 상층에 우물마루 바닥이나 온돌바닥을
깔았다.

이러한 누각은 그 기능상으로 볼 때 여러 종류로 분류할 수 있으나, 죽
서루는 조선시대에 일종의 관아시설로 활용된 누각이었다고 하겠다. 즉
조선시대 삼척부의 객사(客舍)였던 진주관(眞珠館)의 부속건물이었다. 객
사란 지방에 파견된 중앙 관리들이 묵던 숙소를 말한다. 따라서 조선시대
죽서루는 공공시설로서 접대·향연을 위한 장소로 활용되었다. 물론 삼척
지방 양반 사대부와 삼척을 찾아오는 시인 묵객들의 정신수양을 위한 휴
식공간으로도 사용되었다.

이 죽서루는 건물 자체의 오래된 역사나 웅장함뿐만 아니라 주위의 뛰
어난 경관으로 인하여 일찍부터 관동팔경 중 제1경으로 꼽혀 사시사철
시인 묵객들의 발길이 끊이지 않던 곳이다.

죽서루 등 누각을 감상하는 방법은 누각의 특징을 알고, 그 역사를 읽
고, 건물 앞에 서서 건축적 특징을 알고, 누각에 올라서 사용하는 주인이
되어 주변 경관을 감상하고, 지나간 사람들이 남긴 작품을 감상하는 것이다.

2) 관동팔경의 으뜸인 죽서루

　죽서루는 관동팔경의 하나이다. 관동 곧 강원도 동해안 지방은 이름난 호수와 기이한 바다 풍경이 많아서, 높은 데 오르면 바다가 망망하고 골짜기에 들어가면 물과 돌이 아늑하여 일찍부터 산수의 경치가 우리나라 제일로 꼽혔다. 관동팔경은 이들 뛰어난 경관 속에 있는 누대와 정자들 가운데 가장 뛰어난 여덟 곳을 지칭한다. 시인 묵객들이 아름다운 경치를 시와 그림과 글씨로 표현했던 관동팔경은 어느 곳일까? 관동팔경에 대한 선정 기준은 사람에 따라, 시대에 따라 약간씩 달랐다. 신라의 화랑들이 유람한 것으로부터 고려시대 안축의 관동별곡, 조선시대에 들어와 송강 정철의 관동별곡에 이르기까지 숱한 시인 묵객들이 관동 지역의 경관을 유람하고 노래하면서도 관동팔경이라는 틀에는 얽매이지 않았다. 현존하는 기록 가운데 관동팔경을 구체적으로 지적한 것은 허목의 죽서루기(竹西樓記)가 가장 오래된 것이다. 그는 동해안의 절경 여덟 곳으로 통천의 총석정, 고성의 삼일포와 해산정, 간성의 영랑호, 양양의 낙산사, 강릉의 경포대, 삼척의 죽서루, 평해의 월송정을 들고 있다. 관동팔경을 선정하는 데 특별한 기준은 없었다. 자신의 취향과 입맛에 따라 자유롭게 관동팔경이 선정되었다.

　그러나 숙종이 관동팔경을 시로 읊으면서 1군(郡) 1경(景)이라는 기준이 마련되었다. 즉 통천의 총석정, 고성의 삼일포, 간성의 만경대, 양양의 낙산사, 강릉의 경포대, 삼척의 죽서루, 울진의 망양정, 평해의 월송정이 그것이다. 군주의 은혜는 소외된 지역 없이 골고루 내려야 하기에 아름다운 경관을 노래하는 데에서도 예외는 아니었다. 그런데 여기에도 문제는 있었다.

　관동지방은 가장 북쪽의 흡곡에서부터 가장 남쪽의 평해에 이르기까지 9개 군으로 되어 있다. 각 군에 1경씩을 부여했을 경우에 8경이 아니라 9경이 되었다. 이중환은 택리지에서 관동팔경에 간성의 1경을 만경대 대신에 청간정으로 바꾸고 아울러 가장 남쪽에 있는 평해 월송정을 빼고 대신 가장 북쪽에 있는 흡곡 시중대를 넣었다. 이후 사람과 시대에 따라서 관동팔경에 가장 북쪽에 있는 흡곡 시중대와 가장 남쪽에 있는 평해 월송정 가운데 어느 것을 넣을 것인가 하는 고민은 계속되어 왔다. 요즘 세간에서는 통천의 총석정(叢石亭), 고성의 삼일포(三日浦), 간성의 청간정(淸澗亭), 양양의 낙산사(落山寺), 강릉의 경포대(鏡浦臺), 삼척의 죽서루(竹西樓), 울진의 망양정(望洋亭), 평해의 월송정(月松亭)을 관동팔경으로 꼽는다. 아마도 현재는 북한에 있는 흡곡의 시중대(侍中臺)가 갈 수 없는 곳이어서 평해의 월송정을 관동팔경에 포함시킨 것으로 생각된다. 통일이 되면 관동팔경에 편입하기 위한 남북 간의 경쟁은 다시 시작될 것이다.

죽서루를 흔히들 관동팔경의 으뜸이라고 한다. 관동팔경의 경관에 대해서 강릉에 가면 경포대를 제일이라 하고, 양양에 가면 낙산사가 제일이라고 하고, 평해에 가면 월송정이 최고라고 한다. 자기 고장에 있는 것을 관동팔경 가운데 제일이라고 하는 것은 애향심의 발로라는 소박한 이유도 있지만 각각 나름대로의 이유가 있다. 경포대는 달밤이 좋고, 낙산사는 일출이 좋고, 평해 월송정은 출렁이는 솔밭이 좋다. 물론 강원도 관찰사를 지낸 홍봉작이 관동팔경을 유람하고 나서 죽서루가 으뜸이라고 하는 데에도 그럴 만한 이유가 있다. 허목은 죽서루기(竹西樓記)에서 죽서루가 관동팔경 가운데서 으뜸인 이유를 다음과 같이 기록하고 있다.

관동팔경 가운데 모두 유람하고 난 사람들이 단연코 죽서루를 제일이라고 하니 이는 무엇 때문인가? 강원도의 바닷가에 자리한 주군(州郡)은 대관령(大關嶺)을 제외하고는 동쪽으로 바다에 닿아 있고, 그 바다 밖은 끝 간 데가 없으니 해와 달이 번갈아 뜨고 괴이한 변화가 무상하다. 또 해안은 모두 모래여서 혹 바닷물이 큰 못처럼 선회하기도 하고, 기암(奇巖)이 우뚝 솟기도 하고 혹은 무성한 소나무가 울창하게 우거져 있기도 하다. 흡곡 북쪽 지역으로부터 평해 남쪽 지역까지가 700여 리가 대체로 다 그러하지만 유독 죽서루의 아름다운 경치는 바다와 떨어져 있으면서 높은 산봉우리가 보이는 가파른 절벽 위에 자리하고 있다.

서쪽에는 두타산과 태백산이 있으니 높고 험준하여 푸른 기운이 짙게 감돌고 바위로 된 골짜기는 그윽하고 깊디깊다. 또한 큰 하천이 동쪽으로 흐르면서 굽이쳐 50개의 굽이 따라 여울을 이루는데 그 사이사이에는 무성한 숲과 마을이 자리하고, 죽서루 아래에 이르면 푸른 층암절벽이 매우 높이 솟아 있는데 맑고 깊은 소의 물이 여울을 이루어 그 절벽 아래를 감돌아 흐르니 서쪽으로 지는 햇살에 푸른 물결이 돌에 부딪혀 반짝반짝 빛난다. 이처럼 암벽

(岩壁)으로 된 색다른 이곳의 훌륭한 경치는 큰 바다를 구경하는 것과는 아주 다르다. 관동팔경을 유람한 사람들도 이러한 경치를 좋아하여 죽서루가 관동 팔경 가운데 제일이라고 하지 않았을까?

그렇다. 삼척의 죽서루는 관동팔경 가운데 유일하게 강을 끼고 있다. 다른 관동팔경이 모두 바닷가에 자리하고 있는 것과는 대조적으로 삼척의 죽서루는 강가의 절벽 위에 자리하고 있다. 백두대간에서 발원하여 50개의 굽이를 돌아 동해로 들어가는 오십천이 삼척에 와서 앞을 막아선 산을 깎아 높은 암벽을 만들었다. 그리고 그 아래 산을 깎느라 지친 강물이 잠시 쉬면서 깊은 소를 만들었다. 그 깊은 소에 그림자를 담그고 높은 암벽 위에 죽서루가 자리하고 있다.

죽서루의 즐거움은 다른 관동팔경의 두 배이다. 다른 관동팔경이 누각이나 정자에 올라 바다를 바라보는 하나의 즐거움만을 갖고 있는 것과는 대조적으로 죽서루는 하나의 즐거움을 더 가지고 있다. 죽서루 아래 오십천이 감아 돌면서 만들어 놓은 소에서 뱃놀이를 하면서 죽서루를 올려다

보는 즐거움이 그것이다. 그리고 다른 곳은 바다나 호수만을 즐기지만 죽
서루는 강과 산은 물론이고 바다도 함께 즐길 수 있다. 죽서루에 오르면
서쪽으로 백두대간의 두타산이 자리하고 그 사이를 오십천이 굽이쳐 흐
르는데 오십천 물길 따라 눈을 돌리면 멀리 봉황산 위에 수평선을 그은
동해 바다가 넘실댄다. 그래서 죽서루에는 '죽서루(竹西樓)'라는 현판보다
도 오히려 '관동제일루(關東第一樓)'라는 현판이 눈에 잘 띄는 곳에 가장
큰 글씨로 쓰여 있다.

3) 삼척 관아 속의 죽서루

죽서루는 삼척 관아(官衙)의 객사(客舍)인 진주관(眞珠館)에 딸린 누각
이었다. 지방에 있었던 관아는 크게 동헌(東軒)과 내아(內衙), 객사(客舍)
로 구성된다. 동헌(東軒)은 지방 수령이 주재하는 곳으로 좌수·별감이 집
무하던 향청(鄕廳), 육방의 우두머리들이 집무하던 작청(作廳) 등과 함께
지방을 다스리기 위한 공적인 공간이다. 내아(內衙)는 지방 수령의 가족들
이 생활할 수 있도록 한 사적인 공간이다.

그리고 객사(客舍)는 궐패(闕牌)와 전패(殿
牌)를 모셔 놓고 초하루와 보름에 향궐망배
(向闕望拜)를 하는 한편으로 손님이 왔을
때 묵으면서 연회를 베풀기도 하였던 외부
인을 위한 공간이다.

조선시대의 삼척은 도호부의 부사(府使:
정3품), 향교의 교수(敎授: 종6품), 강릉에서
평해까지 동해안의 15개 역참을 관장하는
교통행정기관인 평릉도(平陵道)의 찰방(察
訪: 정6품), 동해안의 9개 군과 울릉도의 치
안을 담당했던 삼척포진의 영장(營將: 정3품
무관) 등 많은 행정기관과 관원들이 배속되

오십천과 죽서루 후면

어 영동 지역에서는 최대 규모의 지방행정조직을 가지고 있었다.

이에 걸맞은 관아의 건축물이 죽서루 주변에 가득하였다. 삼척의 경우에도 관아에 동헌(東軒)과 내아(內衙), 그리고 객사(客舍)가 있었다. 삼척읍 성안에 관아가 배치되어 있었다. 죽서루의 동쪽에 읍성의 동문을 들어서면 관아의 정문이 우뚝 서 있고, 다음의 내삼문(內三門)에 이른다. 내삼문을 들어서면 정면으로 동헌인 칠분당(七分堂)이 있고, 그 동쪽에 내아가 있었으며, 서쪽에 장관청, 군관청, 작청, 좌기청, 부사, 방천방, 군기청 등이 있었다.

그리고 객사인 진주관은 동헌의 북쪽에 따로 쌓은 담장 속에 자리하고 있었다. 일반적으로 객사의 건물 구조는 정당(正堂)을 중심으로 좌우에 익실(翼室)을 두었는데 정당에는 초하루와 보름에 향궐망배(向闕望拜)를 위한 궐패(闕牌)와 전패(殿牌)가 모셔져 있고, 좌우 익실은 온돌을 놓아 손님들이 묵을 수 있도록 하였다. 삼척의 객사에는 본 건물인 진주관 이외에 별관으로 죽서루를 비롯하여 응벽헌과 연근당이 있었다.

삼척의 객사에 이처럼 손님을 모실 수 있는 별관이 많은 것은 그만큼 많은 손님들이 온다는 것을 상징적으로 보여주는 것이다. 경치가 좋은 곳에 산다는 것이 기쁨인 것은 예나 지금이나 마찬가지다. 그리고 경치 좋은 곳에 사는 죄로 많은 손님을 치러야 한다는 것도 예나 지금이나 다름이 없다. 삼척의 죽서문화제나 강릉의 단오제 때 가장 잘되는 장사가 이불 장사이다. 경치가 아름다운 영동 지역에 살고 있는 사람들의 손님을 맞이하기 위한 준비 때문이다. 요즘 사람들이 손님맞이를 위해 이불을 준비하듯이 당시 관에서는 손님을 위한 놀이시설과 숙박시설을 마련하였다.

삼척 객사의 이름은 진주관이다. 각 고을에 있었던 객사들은 자기 고유의 이름을 가지고 있었다. 강릉 객사는 임영관(臨瀛館), 경주의 객사는 동경관(東京館), 전주의 객사는 풍패관(豊沛館)이라고 하는 것이 그것이다. 삼척 객사가 진주관인 것은 삼척의 옛 이름이 진주였기 때문이다. 진주관은 원래 죽서루의 바로 밑에 있었으나 중종 12년(1517년)에 삼척부사 남순종(南順宗)이 옮겨 짓고 진주관(眞珠館)이라 하였다. 그 후 순종 2년(1908년) 군청사(郡廳舍)로 사용되다가 전패(殿牌)를 강원도청으로 봉환하고 1912년에 객사 대문을 헐었으며, 1934년에는 진주관을 헐고 그 자리

죽서루는 일부 자연석 초석
이 사용되었으나 절반 이상
이 자연암반을 초석으로 기
둥을 세웠다.

에 군청의 새 청사를 지어 사용하였다.

객사 진주관의 별관으로 죽서루가 있는 암벽 위에는 누(樓)가 셋 있었
다. 허목은 『척주지』에서 이 세 누각을 다음과 같이 적고 있다.

오십천 물이 읍성의 서쪽 석벽(石壁) 아래에 이르러 남쪽으로 흐르며 수담
(水潭)을 이루어 놓는다. 수담은 모두 절벽으로 된 높은 언덕인데 앞으로는
흰 자갈밭을 내려다보고 위는 넓은 평지이다. 금상(今上) 2년(1661) 신축(辛
丑)에 소나무를 심었는데, 사직단 아래에서 시내 위까지 몇 리에 이르렀다.
그 암벽 위에 누관(樓觀, 큰 집) 셋이 있으니 응벽헌(凝碧軒)이 가장 장려
하여 진주관의 서헌(西軒)이 된다. 그 남쪽의 죽서루는 높고 시원하며 바람이
많고, 또 그 남쪽이 연근당인데 물이 이곳에 이르러서는 돌에 부딪혀 철철 소
리를 낸다. 못가로부터 가장 멀며 그 남쪽은 남산바위 벼랑이고 물이 이곳에
이르러 또 꺾이어 동쪽으로 흐른다. 이곳에서 서쪽을 바라보면 무성한 숲 속
에 싸인 안개 낀 마을이 있고, 그 밖은 두타산(頭陀山)인데 바위 봉우리들이
산 기운을 뿜내며 늘어서 있다. 응벽헌 서쪽 모퉁이에는 바위 벼랑을 따라 돌
길이 나 있는데 그 바위 틈새에는 산부추(蕘菲)가 많이 나 있고 암벽 사이로
는 물새가 몰려들어 우짖으며 아래위로 날아다닌다.

응벽헌(凝碧軒)은 진주관의 서헌으로 죽서루와 연근당에 비해 가장 크
고 화려한 건물이었다. 응벽헌은 두 채의 건물로 되어 있었다. 동향의 정

면 5칸 정도의 본채 건물이 있고 본채의 남쪽 끝에 붙여서 남향의 작은 건물이 'ㄱ'자형으로 되어 있었다. 응벽헌의 서쪽 모퉁이에는 오십천으로 내려가는 돌길이 있었다. 이 길을 따라서 뱃형으 본채의 객사와 오십천을 오르내렸다. 길은 바위 벼랑을 따라 나 있는 매우 가파른 길로서 오십천에 닿는 마지막 부분에는 사다리가 걸쳐져 있었다. 응벽헌의 창건연대는 정확하게 알 수 없으나 응벽헌이라는 이름은 1536년 삼척부사 변성의 요청으로 강원도의 찰사 윤풍형(尹豐亨)이 짓고 큰 글씨로 써서 걸어 두었다. 응벽은 바위벽이 여러 층 두껍게 엉겨 있는 죽서루 암벽 모양을 본떠서 지은 것이다. 그리고 응벽헌의 이름으로 인하여 죽서루 아래의 고인 물을 응벽담(潭)이라 하였다.

연근당은 죽서루의 별관이었다. 죽서루를 찾아온 크고 작은 객(客)들을 편하게 모시기 위하여 세종 25년 부사 민소생이 7칸으로 창건하였다. 성종 2년(1471) 화재를 당하여 다음 해 부사 양찬(梁瓚)이 8칸으로 개축하였다. 이때 세종부터 성종에 이르기까지 문명(文名)이 높았던 김수온(金守溫)이 쓴 연근당기가 지금도 남아 있다. 이후 몇 차례 중창하였는데 영조 32년(1756) 당시의 부사로 와 있던 민백창(閔百昌)이 죽어서 발인하던 날 밤에 연근당도 무너졌다는 기록이 연근당에 대한 마지막 기록이다.

연근당은 맑은 내를 굽어보며 높은 절벽에 있어서 죽서루와 그 아름다움을 다툰다. 죽서루 아래를 흘러 오십천의 물이 연근당 앞에 이르러 앞을 가로막은 남쪽의 남산바위에 부딪혀 또 꺾이어 동쪽으로 흐른다. 연근당에서 보면 오십천 물길이 연근당을 삼면에서 감아 돌았다. 따라서 여름에는 시원하고, 겨울에는 막힘이 없이 햇살이 가득하여 따뜻하였기에 연회를 베풀기에 적당한 곳이다. 그래서 연회라는 뜻의 '燕' 자를 취했고, 거처함에는 반드시 신중해야 한다는 뜻에서 '謹'을 취하여 이름을 연근당이라 하였다.

이 외에도 연근당 아래쪽 관아의 담장 옆에 서별당(西別堂)이 있었다. 서별당은 현종 2년 부사로 와 있던 허목이 중수하여 사용하였다. 1차 예송에서 서인에게 밀려나 유배 오듯 삼척부사로 부임한 허목은 동해안 최고의 절경이라고 일컫는 죽서루에 올라도 나라를 떠나온 듯 그 쓸쓸한 마음을 달랠 길이 없었다. 이때 마침 연근당 아래에 버려진 서별당이 있었는데, 허목은 황폐해진 자신의 마음을 추스르듯 퇴락한 집을 수리하였다. 집은 퇴락했지만 앞에는 기암절벽의 남산바위와 마주하고 정원에는 괴석들이 숲 속에 자리하고 있어 그 정취가 그윽하였다. 특히 달 뜨는 저녁과 안개 낀 아침이 더욱 좋았다. 허목은 관아의 일과가 끝나면 이곳에 와서 책을 읽기도 하고 거문고를 타면서 자신을 다스렸다. 당시의 심정을 노래한 고금명(鼓琴銘)에 이르기를

거문고의 줄소리
간절하고 조촐하여 지나치지 않네
한 번 차고 한 번 이지러지는 것은
천지의 조화이리니
아! 금(琴)이란 금(禁)이니 그 사악한 것을 금할지어다.

허목은 유배 오듯이 좌천되어 온 그의 처절한 심정을 이곳 서별당에서 다스리면서 척주지를 편찬하고 척주동해비를 세우는 등 삼척을 다스리는 데 온 정열을 쏟았다. 패배감과 절망감을 백성을 위한 마음으로 승화시킨 것이다.

죽서루는 객사의 부속건물로 접대와 휴식, 향연을 주목적으로 한 누각이었다. 죽서루라는 이름은 이 누각을 세울 당시에 죽서루의 동쪽에 죽림(竹林)이 있었고 그 죽림 속에 죽장사(竹藏寺)가 있어서 죽서루가 되었다고 하기도 하고, 다른 한편으로는 죽서루의 동쪽에 이름난 기생 죽죽선녀(竹竹仙女)의 집이 있어서 죽서루가 되었다는 말도 전해진다.

죽서루가 언제 누구에 의해 처음 건립되었는지는 알 수가 없다. 다만 고려 명종(1171－1197) 대의 문인인 김극기(金克己)의 죽서루 시(詩)가 남아 있고, 제왕운기를 편찬한 이승휴가 고려 충렬왕 1년(1275)에 벼슬을 버리고 두타산으로 은거할 때 지은 시(詩)가 현재 죽서루에 걸려 있는 것으로 보아 창건 시기는 적어도 고려나 그 이전으로 생각된다. 그 후 조선 태종 3년(1403)에 삼척부사로 재임한 김효손(金孝孫)이 옛터에 인연해서 누각을 중건한 이래로 25차례의 중수, 증축, 개조, 단청이 있었다. 특히 선조 33년(1600) 삼척부사 김권(金權)이 동쪽 2칸을 개수하였으며, 숙종 41년(1715) 삼척부사 정호(鄭澔)는 없어진 죽림을 회복하기 위해서 대나무 수천 그루를 심었다.

죽서루의 기둥은 하층 13개, 상층 20개로 구성되었다. 입면상 하층기둥은 대부분 민흘림에 가깝고, 상층 기둥은 배흘림에 가깝다.

그러나 죽서루 주변의 아름답던 경관은 세월에 무너지고, 일본에 의해 파괴되었다. 일본은 삼척읍성을 헐어냈다. 성벽은 무너지고 그 돌들은 시내에 지어지는 집들의 건축 자재로 이용되고, 지금은 성내동(城內洞)이라는 동명(洞名)으로 그 터전만을 알 수 있을 뿐이다.

경복궁을 헐어내고 한반도 식민지배의 상징인 조선총독부를 세우듯이 지방에는 동헌을 비롯한 관아를 헐어내고 그들이 지방 통치에 필요한 기관인 군청과 경찰서, 우체국을 건립하였다. 이로써 삼척뿐만 아니라 전국의 읍성과 관아는 헐려 나갔다. 남의 나라의 식민 지배를 받는다는 것이 우리 문화의 파괴와 함께 역사의 단절을 가져온다는 것을 실감할 수 있다.

죽서루의 누각은 용케도 세월을 이겨 내고, 더욱이 일본의 야만적인 침략도 견디어 오늘도 당당한 모습으로 기암절벽 위에 자리하고 있다. 현재의 모습은 최규하 대통령의 지시로 당시로는 거금인 2억여 원을 투자하여 죽서루 경내를 확장하고 담장과 평삼문을 새로 만들었으며, 죽서루를 개수하고 기와를 새로 이었다. 짧은 재임 기간에 최규하 대통령이 이룬 업적을 찾기가 쉽지 않은데, 그 하나가 이렇게 삼척에 숨어 있다.

4) 자연과 조화를 이룬 건축

한국 건축의 가장 큰 특징은 자연과의 조화이다. 우리나라에서는 인간을 자연의 일부라고 인식하듯이 건축물을 자연의 일부로 인식하였다. 따라서 건축물을 기존의 자연과 조화를 이루도록 하였다. 서양 건축이 자연에 도전하고 이를 정복하겠다는 논리로 지어지는 것과는 대조적이다.

죽서루는 자연과 조화를 이룬 가장 한국적인 건축물이다. 죽서루 마당에 서면 장방형의 누각이 암반 위에 날개를 길게 펼치며 둥지에 내려앉는 학처럼 고고한 모습으로 다가선다. 늘 푸른 대나무밭 속 왼쪽에는 벚꽃나무가 호위병처럼 서 있고, 오른쪽에는 죽서루보다 큰 나무가 아기를 안은 엄마의 모습처럼 죽서루를 감싸 안고 있다. 죽서루는 자연 속에 또 다른 하나의 자연으로 서로 어울려 조화를 이루고 있는 것이다.

죽서루의 선은 부드럽고 자연스러운 곡선이다. 푸른 하늘에 용마루의 곡선이 보일 듯 말 듯한 기울기로 선을 긋고 있다. 정면 7칸의 긴 지붕이기에 그 기울기가 매우 완만하다. 밭고랑처럼 아래로 지붕의 기와를 따라 내려오면 양쪽으로 추녀의 곡선이 살짝 들어 올려서 하늘로 향하고 있다. 죽서루에서 곡선의 아름다움은 남, 북의 측면에서 보는 지붕의 선이다. 직각으로 바위 위에 우뚝 선 기둥 위에 자연이 만들어 낸 현수선을 따라 그어진 처마의 선은 추녀의 선과 조화를 이루면서 죽서루가 둥지를 박차고 비상하려는 학의 모습을 연상시킨다. 우리나라 건축의 곡선이 얼마나 아름다운가를 가슴 가득히 느끼게 된다.

죽서루의 건축적인 특징 가운데 하나가 기둥이다. 죽서루는 2층의 누각으로 상층과 하층으로 나누어지는데 상층과 하층의 기둥 수가 다르다. 상층 기둥이 20개인 데 비해 하층의 기둥은 13개로 상층에 비해 7개나 적다.

이것은 자연 암반을 이용하여 건물을 세웠기 때문에 높은 암반이 있는 위치에는 바로 상층 기둥을 세우고 암반이 없거나 낮은 암반이 있는 곳에만 하층 기둥을 세워서 하층을 구성하였기 때문이다.

죽서루의 기둥은 그 길이가 다르다. 하층 기둥과 바로 상층을 지지하는 기둥을 합쳐서 죽서루의 기둥은 모두 22개이다. 이 가운데 자연 암반에

죽서루에는 50여점이 넘는 시문액자가 걸려 있었는데 1959년 사라호 태풍때 많이 소실되어 현재는 28점이 남아있다.

세워진 기둥은 13개이며, 9개는 자연석 초석 위에 세워져 있다. 자연 암반의 높이가 다르고 자연석 초석의 높이도 일정하지 않기 때문에 기둥의 길이가 제각각일 수밖에 꼒각일 특히 하층 기둥의 13개 기둥은 0.9m의 가장 수밖에것에서부터 2m의 가장 긴 것까지 각기 다른 길이로 서 있다. 울퉁불퉁하고 높이가 다른 암반을 일정한 높이로 정리하지 않고 그 암반 위에 길이를 다르게 하여 기둥을 세웠다. 그리고 자연 암반이나 자연상태의 초석을 다듬지 않고 상당한 정성으로 그랭이질을 하여 기둥과 초석을 밀착시키고 있다. 이처럼 죽서루는 주어진 자연환경에 순응하는 한국건축의 전형을 보여주는 것이다.

　죽서루의 정면은 7칸이다. 죽서루의 정면은 원래 5칸이었다가 후에 좌우 1칸씩 증축하여 7칸이 되었다. 좌우 1칸씩 증축을 통해 사다리를 이용하지 않고 좌우에 있는 천연 암반을 이용하여 양쪽에서 바로 누각 안으로 출입할 수 있도록 하였다. 좌우 증축된 1칸의 기둥은 남·북 측면 모두 천연암반 위에 세워져 있음이 이를 증명한다. 그래서 죽서루에는 2층 누각에는 반드시 있어야 할 사다리가 없다. 가능한 한 주어진 자연 조건을 최대한 이용하면서 인공구조물을 최소화하려고 하였다.

　죽서루의 양 측면은 칸수가 다르다. 좌우 측면을 살펴보면 북 측면은 2

뻘장여 용(龍)조각_죽서루
정면 남측에 2개가 조각되
어 있는데 청룡과 황룡으로
채색되어 있다.

칸인 데 비해 남 측면은 3칸으로 되어 있다. 양쪽 측면의 칸수를 동일하
게 하는 일반적인 건물과는 다른 점이다. 죽서루가 이처럼 양측의 측면
칸수에 차이가 있는 것은 자연암반의 형태가 남측은 3칸, 북측은 2칸으로
세우는 것이 가장 적절하였을 뿐만 아니라 홀수 칸인 남 측면을 주출입
구로 삼기 위해서였다. 출입은 남측과 북측 모두 할 수 있는데, 남측에는
3협간의 어칸 부분에 박석으로 포장을 하여 출입에 편리하도록 되어 있
으나 북측에는 가운데 기둥 좌우로 자연 암반을 딛고 오르도록 되어 있
다. 그리고 남측에는 죽서루 동쪽 정면에 있는 현판과는 별도로 죽서루라
는 현판이 걸려 있다. 이처럼 죽서루는 자연암반의 형태에 맞게 기둥의
수를 적절하게 변형시키면서 자연스럽게 남 측면을 주출입구로 설정하였
다. 좌우를 반드시 대칭으로 해야 한다는 서양 건축의 경직된 발상과는
달리 형식보다는 주어진 환경에 적응할 줄 아는 우리 건축의 모습을 보
여주는 것이다.

죽서루의 공포(栱包)는 주심포(柱心包)와 익공(翼工) 두 가지 양식으로
되어 있다. 원래의 5칸은 주심포로 되어 있으며, 좌우로 1칸씩 증축된 곳
에는 익공을 채택하였다. 한 건물에 주심포와 익공이라는 2가지 양식을
사용하는 것은 일반 건축물에서는 드문 일이다. 한 건물에 하나의 양식을

채택하여 일관성과 통일성을 유지하고자 하는 일반적인 상식을 죽서루는 거부한 것이다. 죽서루는 2가지 양식을 동시에 채택하여 조화시킴으로써 통일성과 함께 변화도 추구하였던 것이다. 특히 동남쪽 귀공포의 장여뺄 목을 황룡과 청룡을 조각하여 장식한 것은 이 같은 사고의 연장선에 있다. 많은 기둥 가운데 유일하게 한 기둥에만 이 같은 장식을 한 것은 통일성에서 오는 경직성을 하나의 파격으로 풀어 보고자 하는 우리 민족만이 가지는 여유이다. 이처럼 주어진 환경에 순응한 천연덕스러움과 파격적인 외관을 채용한 대담성은 죽서루를 자연과 가장 잘 조화를 이루고 있는 가장 한국적인 건축물로 만들었다.

5) 죽서루에서 본 경관

죽서루가 관동팔경 가운데 제일이라고 하는 것은 죽서루 건물의 웅장함이나 집 모양이 크고 생김새가 아름다워서만은 아니다. 죽서루가 위치한 자리로 인하여 죽서루에 올랐을 때 누각에서 바라보는 경관이 절경이기 때문이다. 그래서 우리나라의 누각은 주변 경관을 누정 안으로 끌어들이기 위해 기둥만을 세우고 벽체나 문을 시설하지 않고 사방이 확 트이게 하였다.

고려시대 문신 이규보(李奎報)는 네 바퀴가 달린 누각, 즉 사륜정(四輪亭)을 만들어 경관이 수려한 곳을 찾아다니면서 경관을 즐기도록 한 기발한 정자를 고안하기도 하였다. 누각의 핵심이 누각 그 자체가 아니라 누각에 올라서 바라보는 주변 경관임을 말해 주는 것이다.

우리나라의 전통 건축을 제대로 감상하는 첫걸음은 자신이 건물의 주인이 되어서 그 건축물을 사용해 보아야 한다. 죽서루를 제대로 감상하기 위해서는 멀리서 죽서루를 바라보는 것이 아니라 죽서루의 주인이 되어서 누각에 올라 주변 경관을 감상하는 것이다. 간혹 답사를 다니다 보면 누각을 보호한다는 명목으로 누각에 출입금지 팻말을 붙여 놓은 것을 볼 수 있다. 누각에 오르지 않고 멀리서 누각을 바라보기만 한다면 그것은 누각의 알맹이는 두고 껍질만 보고 가는 것이다.

죽서루에 오르면 주변 경관이 가슴 가득히 밀려온다. 기둥과 기둥 사이의 한 칸이 살아 움직이는 한 폭의 그림이 된다. 앞뒤로 8개 기둥 사이의 7칸이 7폭의 연속적인 그림을 이루어 7폭짜리 병풍을 앞뒤로 펼쳐 놓은 듯하다. 이것이 경치를 누각 안으로 끌어들이는 소위 차경(借景)이라는 것이다. 조선시대 문인 박종은 '동경기행'에서 죽서루에 올랐을 때의 풍광을 극찬하고 있다.

> 삼척 서쪽 천리 절벽이 맑은 강을 위압하듯 다가서는데, 그 위에 자리 잡은 누각이 죽서루이다. 죽서루에 올라 난간에 기대어 서면 사람은 공중에 떠 있고 강물은 아래에 있어 파란 물빛에 사람의 그림자가 거꾸로 잠긴다. 물속의 고기 떼는 백으로 천으로 무리무리 오르락내리락 돌아가고 돌아오는 발랄한 재롱을 부린다. 가까이는 듬성듬성 마을 집이 있어 나분히 뜬 연기가 처마 밖에 감돌며, 멀리는 뭇 산이 오라는 듯 가뭇가뭇 어렴풋이 보이니 누대의 풍경이 실로 관동의 으뜸이다.

죽서루에 오르면 주변 경관이 그림처럼 펼쳐져 있다. 우리는 산수화를 그릴 때 자연경관을 고원(高遠), 평원(平遠), 심원(深遠)의 세 가지 각도에서 보듯이 죽서루 주변 경관을 멀리 바라보고, 가까이 마주 보고, 아래로 내려다보자. 그러면 주변 경관이 곧 한 폭의 파노라마 같은 그림이 된다.

죽서루 난간에 기대어 멀리 바라보면 서쪽으로 북에서 남으로 달려가는 백두대간이 병풍처럼 펼쳐 있다. 용이 구름 위를 날 듯 꿈틀대며 남쪽으로 달리던 백두대간이 잠시 머물며 솟아올라 가장 큰 키를 자랑하는 것이 두타산이다. 그리고 돌아서서 바라보면 동쪽으로는 숲과 언덕을 넘어 푸른 동해바다가 산 중턱에 수평선을 그으며 넘칠 듯이 죽서루를 향하고 있다. 이른 아침 동해에서 떠오른 햇살이 한낮에는 죽서루 지붕에

천장. 우물 반자 북2협칸 대들보 상부와 주심도리 받침장여 사이에 우물반자가 설치되었는데
개개의 우물마다 소란을 끼우고 별개의 반자판을 덮어 구성한 소란반자로 되어있다.

머물다가 저녁이면 두타산 너머로 들어가 하루를 마감하게 된다. 죽서루의 최고의 경관은 저녁 두타산으로 해가 질 때의 모습이다. 죽서루가 서쪽에 자리하고 있기 때문에 아침의 동쪽 경관보다는 저녁의 서쪽 경관이 제격이다. 햇살이 백두대간을 넘어 하루를 마무리할 때 황금빛 석양의 긴 그림자가 죽서루의 기둥들 사이로 밀려들어 누 안을 온통 붉게 물들이면, 낭떠러지 아래 오십천 강물도 황금빛으로 일렁인다. 원숙한 경지에 이른 인생 말년의 예술가의 마지막 한 점까지도 모두 불태우는 정열적인 모습을 보는 듯하다.

가까이서 주변을 둘러보면 3개의 봉우리가 누각을 에워싸고 있다. 동쪽의 봉황산(鳳凰山), 남쪽의 근산(近山), 북쪽의 갈야산(葛夜山)이 그것이다. 봉황산은 오십천 강물을 한숨에 들이켤 듯한 코끼리의 모습으로 밀려오는 동해물을 막고 서 있다. 갈야산은 꼭대기에 산성이 둘러 있는 삼척의 주산이다. 근산은 조금 떨어져 있지만 가까이 있는 듯하여 이름이 근산이 되었다. 이들 산은 삼신산이 되고 그 속에 있는 죽서루는 신선이 살고 있는 선계(仙界)가 된다.

죽서루를 선계(仙界)로 만든 것은 남쪽에 있는 괴석이다. 동양의 정원에는 괴석을 배치하였다. 괴석은 일반 돌과는 달리 구멍이 뚫려 있거나 특이한 형상을 하고 있는 자연석이다. 다른 곳에서 채취한 이 같은 괴석을 누각이나 정원의 뜰에 늘어놓는 것은 그곳이 현실세계가 아닌 이상향의 세계임을 표현하기 위한 것이다. 특히 중국의 정원에서는 먼 곳에서 채취한 괴석으로 조경을 하는데 이는 정원 속에 있는 자신이 현실세계가 아닌 선계에 살고 있는 신선이 되고자 하는 의도에서 비롯되었다. 죽서루 남쪽에 있는 괴석은 인위적으로 다른 곳에서 채취하여 가져다 놓은 것이 아니라, 원래 그 자리에 있던 것이다. 석회암이 숱한 세월 바람에 깎이고 빗물에 녹아서 구멍이 뚫리고 특이한 형상으로 만

죽서루의 마루는 우물마루이다. 신발을 벗고 올라가도록 관리하고 있다.

들어진 것이다. 그 구멍을 언제부터인가 용이 드나드는 용문(龍門)이라 불렀고, 대문에 현관을 걸듯이 행초서의 음각글씨로 새겨 두었다. 더구나 용문바위 위에는 성혈이 있어서 이곳이 더욱 신성한 곳임을 말해 준다. 성혈(性穴)은 선사시대부터 풍요와 다산을 기원하던 일종의 암각화이다. 후대로 오면서 민간신앙으로 정착하여 자식을 기원하는 신앙처가 되었다. 칠월 칠석날 자정에 부녀자들이 성혈터를 찾아가서 일곱 구

멍에 좁쌀을 넣고 치성을 드린 후 좁쌀을 한지에 싸서 치마폭에 감추어 가면 아들을 낳는다고 믿었다. 이곳이 도교의 칠성신앙과 연결되고 있음은 죽서루가 신선이 사는 신성한 곳이라는 믿음이 있었음을 상징적으로 보여주는 것이다. 그래서 죽서루에 오르면 신선이 된다. 많은 시인 묵객들이 죽서루에 올라 신선이 된 자신을 발견하고 노래하였다.

죽서루 난간에 기대어 아래를 내려다보면 까마득한 절벽 아래 파란 강물이 감아 돌고 있다. 절벽이 높아서 난간에 선 사람은 공중에 떠 있는 듯 현기증을 느낄 정도이다. 죽서루 아래 강물은 오십천이다. 하늘에서 백두대간에 떨어진 빗물이 서쪽으로 흘러가면 한강이 되고 남쪽으로 흘러가면 낙동강이 되고, 동쪽으로 흘러오면 오십천이 된다. 백두대간 골짜기 골짜기에서 만들어진 작은 여울물이 모여서 오십 굽이를 돌아 동해로 들어가는데 죽서루 아래 굽이가 마흔일곱 번째 굽이이다. 강 주변은 하얀 자갈밭이고, 강물이 감아 돌면서 만든 넓은 평지에는 소나무가 가득했다. 허목이 삼척부사로 와서 심은 것이다.

오십천 맑은 물에는 고기들이 뛰놀고 그 강물 위로 뱃놀이를 하였다. 응벽헌의 서쪽 모퉁이에 나 있는 돌길을 따라 오십천으로 내려서면 태을연엽주(太乙蓮葉舟)라는 이름의 배가 기다리고 있었다. 태을연엽주(太乙蓮葉舟)라는 배 이름은 중국 북송(北宋)의 화가 이공린(李公隣)이 그린 그림 태일진인도(太一眞人圖)의 화제(畫題)에서 유래한다. 태일진인도는

계자난간은 변주에서 바깥으로 빠져나온 기 틀의 외면에 붙여서 중방을 설치하고 중방 위로 띠장을 설치하였 다.

도를 깨우친 도인(道人) 곧 진인(眞人)이 연꽃 속에 누워 책을 읽고 있는 모습을 그린 것인데, 당시 최고의 문인 한구(韓駒)가 '태일진인연엽주(太 一眞人蓮葉舟)'라고 화제(畵題)를 써 준 데서 유래한다. 신선이 연꽃을 타듯이 태을연엽주(太乙蓮葉舟)를 타고 오십천 강물을 오르내리면 절벽 위에는 죽서루가 걸려 있는데, 하늘에는 백구들이 날고 맑은 강물에는 은 어들이 노닐었다. 특히 황혼 무렵 두타산으로 해가 질 때면 죽서루 옆 죽 장고사(竹藏古寺)에서 저녁 종소리가 울려 퍼지고, 강물에는 은어들이 석 양빛을 받아 황금빛으로 반짝였다. 이 같은 경치 속에 들어 있는 사람이 어찌 신선이 되지 않을 수가 있겠는가?

배 위에 누워 절벽을 올려다보면 높은 곳에 죽서루가 걸려 있고, 그 아 래 절벽 밑에는 안 보이는 구멍이 하나 있었다. 강물이 그 구멍 위에 이 르면 새어 들어가는 것이 낙숫물 지듯 하고, 남은 물은 누 앞 석벽을 지 나 동해로 흘러갔다. 옛날에 뱃놀이하던 사람이 잘못하여 구멍 속으로 들 어갔는데 간 곳을 모른다고 하였다. 이를 두고 사람들은 이들 모두 용궁

으로 갔다고 하였다. 지금은 그 구멍을 찾을 길이 없고 그 구멍이 있었던 부근 절벽에 숱한 사람들의 이름만이 새겨져 있다. 이 사람들이 모두 태을연엽주(太乙蓮葉舟)를 타고 그 구멍을 통해서 용궁으로 들어간 것일까?

그러나 현재의 죽서루는 더 이상 옛날의 죽서루가 아니다. 죽서루에 올라 난간에 기대어 누각 안으로 밀려오는 경관을 보면 그 경관은 옛날의 멋스러움이 아니다. 소나무가 가득하던 곳에는 아파트가 괴물처럼 자리하고 있다. 남산의 언덕은 잘려 나가고 인공으로 만든 폭포물만 공허하게 다람쥐 쳇바퀴 돌듯 부서져 내리고 있을 뿐이다. 오십천을 오르내리던 배는 간 곳이 없고 그 자리에 오염된 강물 속에 몇 마리의 물고기가 호흡이 곤란한 듯 물 위로 뛰어 올라와 긴 숨을 쉬고 내려간다. 죽서루의 참모습은 누각을 잘 보존하는 것이 아니다. 누각이 누각다운 것은 누각에 올라 바라본 경관이 아름답기 때문이다. 언제쯤 누각에 올라 참맛 나는 죽서루를 느낄 수 있을까? 죽서루의 멋스러움은 진정 옛 그림 속에 남아 있을 뿐 그 경관 속에 나를 담을 수는 없는 것일까?

6) 죽서루와 관련한 시·그림·글씨

죽서루를 다녀간 숱한 사람들의 흔적은 시로 글씨로 그림으로 남아 있다. 시인은 시로써 그림을 그리고, 화가는 그림으로써 시를 썼고, 서예가는 글씨로 그림과 시를 썼다. 이들은 편액으로 만들어져 죽서루 누각 안에 걸려 있기도 하고, 그들의 문집과 화첩 속에 숨어 있기도 한다.

죽서루에 걸려 있는 제액(題額) 현판은 여럿이 있다. 누각의 동쪽에는 삼척부사를 지낸 이성조가 쓴 '죽서루'라는 현판과 '관동제일루'라는 현판이 있다. 이성조는 1710년(숙종 36)에 삼척부사로 부임하여 삼척 향교의 대성전 현판과 함께 죽서루의 현판을 썼다. 죽서루라는 글씨는 대나무가 큰바람에 쓰러질 듯이 휘어지는 모습을 연상케 한다. 숱한 사람들에 의해 죽서루가 관동팔경의 으뜸이라는 말을 확인이라도 하듯이 가장 잘 보이는 곳에 이성조는 '관동제일루'라는 편액을 걸었던 것이다.

죽서루의 남쪽 측면에 '죽서루(竹西樓)'라는 또 하나의 현판이 있다. 그 글씨가 마치 대나무와 같은 모습을 하고 있다. 세상의 어떤 풍상에도 자신의 모습을 지켜 나가는 대나무처럼 죽서루가 온갖 시련에도 견디어 내기를 바라는 마음이 가득하다. 한 획 한 획이 한 마디의 대나무처럼 곧고 힘이 있다.

'해선유희지소(海仙遊戲之所)'는 삼척부사를 지낸 이규헌(李奎憲)의 작품이다. 이규헌은 1835년(헌종 1) 7월에 삼척부사로 왔다가 1839년(헌종 5)에 능주 목사로 옮겨 갔다. 재임기간 동안 선정(善政)을 베풀어 주민들이 선정비와 흥학비를 세워 주었다. 재임 기간이 1년 남짓인 지방 수령의 평균 재임 기간을 고려하면 상당히 오랜 세월 삼척부사로 재임하였다. 이 삼신산에 둘러싸여

선계(仙界)를 연상시키는 죽서루에 올라 자신이 신선이 된 듯한 감흥을 힘주어 글씨로 표현하였다.

'제일계정(第一溪亭)'은 허목의 글씨로 전해지고 있으나 허목의 글씨는 아닌 듯하다. 조선 후기 대표적인 서예가였던 허목이 죽서루에 올라 그의 필적을 남기지 않았다는 것이 오히려 이상하다. 그래서 아마도 이곳 주민들이 허목의 필적이었으면 하는 바람에서는 그렇게 이야기가 된 것 같다.

허목은 삼척부사로 있던 1662년(현종 3) 죽서루기(竹西樓記)와 서별당기(西別堂記)를 짓고, 객사인 진주관(眞珠館)과 응벽헌(凝碧軒)의 대액(大額)을 고전체(古篆體)의 큰 글씨로 썼다. 그러나 그의 필적이 죽서루에 현존하지 않는 것은 당쟁에서 남인(南人)의 영수였던 허목의 글씨는 뒤에 집권세력인 서인(西人)들에 의해 훼철되었을 가능성이 많다. 실제 삼척지방을 순찰하던 강원도 관찰사가 고의로 허목이 쓴 편액 '응벽헌'이라는 글씨를 깎아 버렸다는 기록이 남아 있을 뿐만 아니라 노론인 송창(宋昌)이 이 현판을 떼어 버렸다는 기록도 남아 있다. 정치가 예술을 파괴한 것이다. '제일계정(第一溪亭)'은 허목의 글씨가 아니라도 좋은 글씨이다. 오십천 강물이 휘감아 돌듯이 굽이쳐 흐르는데 그 획이 부드러운 강물이 절벽을 깎아내듯이 내재된 힘이 가득하다.

죽서루를 노래한 시는 현재 알려진 것만 500수를 넘는다. 위로는 국왕부터 아래로는 아낙네에 이르기까지 다양한 계층이 그들의 삶에서 우러나오는 다양한 감흥을 노래했다. 아름다움에 감흥을 느끼는 데 남녀노소의 구분이 있을 수가 없듯이 신분이나 계층, 성별의 구분도 있을 수가 없었다. 대표적인 작품들을 감상해 보자.

죽서루를 노래한 국왕의 작품은 조선시대 숙종과 정조의 시가 남아 있다. 두 임금은 죽서루를 직접 오지 못했을 것이다. 그런데 어떻게 죽서루를 노래할 수 있었을까? 관동팔경을 비롯한 금강산과 설악산이 있는 영동지방은 당시 사람들이 꼭 한 번 유람하고 싶은 곳이었다. 특히 시인 묵객이나 화가들에게는 이곳을 유람하고 시를 쓰고 그림을 그려야만 풍류를 아는 시인으로서 화가로서 대접받을 수 있었다. 나라를 호령하는 임금도 임금이기 이전에 한 사람의 자연인으로 어찌 그 같은 욕망이 없었을까. 직접 영동 지방을 유람하는 것이 불가능하기에 대신 궁중의 화원들로 하여금 이곳 절경을 그려 오게 하여 그것을 감상하는 것으로 스스로를 위로할 수밖에 없었다.

숙종(肅宗)은 어떤 화원이 그려 온 그림인지는 알 수 없지만 관동팔경 그림을 보고 시의(詩意)를 감추지 못하고 7언절구로 노래했다. 숙종이 관동팔경을 노래한 시는 숙종의 시문집인 『列聖御製』에 「詠關東八景」이라는 이름으로 수록되어 있다. 그 가운데 죽서루의 시를 보면

暉兀層崖百尺樓	까마득히 층진 벼랑 높이 솟은 백 척 누각
朝雲夕月影淸流	아침 구름 저녁달의 그림자 맑은 물에 드리우고
儀儀波裡魚浮沒	반짝이는 물결 속에 물고기는 뛰노는데
無事喊欄狎白鷗	한가로이 난간에 기대어 백구(白鷗)를 희롱하네

정조는 김홍도에게 금강산과 관동팔경을 비롯한 영동 지방 절경을 그려 오도록 어명을 내렸다. 정조의 어명을 받은 김홍도는 44세가 되던 해 가을에 관동지방의 해산승경(海山勝景)을 그림으로 그렸다. 이 그림은 정조가 실경(實景)을 보고 싶어 내린 지엄한 어명을 의식하고 사진에 가까울 만큼 치밀하고 정성을 다한 필치를 보여 준다. 정조는 이 그림을 직접 보고 그 감흥을 칠언절구로 노래하였다.

彫石鐫崖寄一樓　　돌 다듬고 절벽 쪼아 세운 누각 하나
樓邊滄海海邊鷗　　누각 옆은 푸른 바다이고 바닷가에는 갈매기 노니네
竹西太守誰家子　　죽서루가 있는 고을 태수 어느 집 아들인가
滿載紅粧卜夜遊　　미녀들 가득 싣고 밤새워 뱃놀이하겠구나

정조의 시에는 자신이 직접 죽서루에 가서 오십천 응벽담에서 뱃놀이하지 못하는 안타까운 마음이 담겨 있다. 궁궐에 갇혀 있는 자신보다 오히려 죽서루에서 자연과 벗하며 자유롭게 살아가는 삼척부사가 부러웠던 것이다.

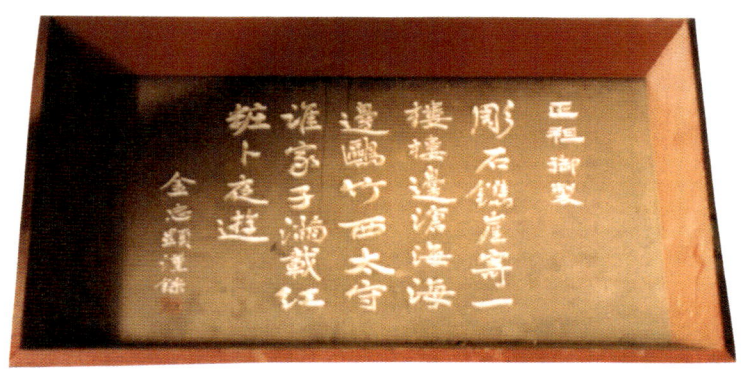

단원 김홍도의 그림을 좀 더 상세하게 살펴보자. 죽서루에서는 많은 선비들이 모여 백일장(白日場)을 열었는데 그 장소는 죽서루 아래 오십천 강변이었다. 그리고 심사는 죽서루 누각에서 하였기에 이를 누각으로 올려 보내기 위해서 죽서루 기둥에 줄을 매어서 도르래처럼 오르내리게 하였다. 홍석주(洪奭周)는 화첩의 그림을 보고 장장마다 칠언절구 한 수씩을 지었다.

죽서루를 그린 대표적인 그림은 김홍도의 그림 외에 겸재 정선의 것이 있다. 죽서루의 아름다운 경관은 진경산수화의 종장인 겸재 정선으로 하여금 한 폭의 그림을 그리게 했다. 겸재와 단짝으로 영조시대 최고의 시인이었던 사천 이병연이 삼척부사로 부임하여 당대 최고의 시인과 화가를 만나 죽서루에서의 감흥을 시인은 시로써 노래하고 화가는 그림으로 노래하였다. 겸재의 「관동명승첩(關東名勝帖)」에 있는 죽서루의 그림은 바로 이때 그려진 그림이다. 미수 허목이 기록으로 묘사하였던 죽서루의 그 모습이 한 폭의 화폭에 그대로 내려 앉아 있다.

응벽담 위 절벽 높은 낭떠러지 위에 큰 집이 셋이 자리하고 있다. 가운

데 죽서루가 2층 누각으로 번듯하게 자리 잡고 그 동쪽으로 연근당이 벼랑 끝에 아슬아슬하게 경영되었으며, 서쪽으로는 응벽헌이 바위 뒤에 살짝 숨어 있다. 응벽헌 서쪽으로 나 있는 돌길을 암시하기 위해 절벽에 사다리를 걸쳐 놓았는데 이를 타고 응벽담에 떠 있는 배에 오르내렸다. 물소리가 철철철 들린다는 연근당 벼랑 아래는 물목이 좁고 강바닥이 높은 듯 강물을 여울지는 물결로 표현했다. 그래서 정녕 그 소리가 눈에 들리는 듯하다. 연근당에 담장을 두른 것은 그 위태함을 강조하려는 의도일 것이다.

바위 절벽을 대부벽준법으로 크게 쪼개듯 표현하고 산부추의 표시인 듯 바위 틈새에는 태점(苔點)을 많이 적어 놓았다. 평무한 절벽 위의 분위기를 나타내기 위해서인지 노거수(老巨樹) 두어 그루가 죽서루 좌우에서 있을 뿐 소림의 표현은 극도로 자제되었다. 응벽담 위로 미끄러지듯이 오르락내리락하는 놀이배 위에는 세 명의 선비가 죽서루를 올려다보면서 그 경치에 취해 있고 누각 위에는 기생 셋이 서성대며 이들을 기다리고 있다. 곧 누각에서는 음악이 흐르는 연회가 베풀어질 것이다.

그리고 죽서루를 표현하고 있는 시화첩으로 「관동십경(關東十境)」이 있다. 이 시화첩은 영조 때 이조판서에까지 오른 김상성(金尙星)이 강원도 관찰사로 부임하여 1746년(영조 22) 봄 강원도 내 여러 고을을 순시하면서 화원에게 그림을 그리게 하고, 그 화첩(畵帖)을 친한 이들에게 돌려보게 한 후 제영시를 받아 1748년(영조 24)경에 시화첩으로 완성하였다. 시화첩은 시서화(詩書畵) 삼절(三絶)을 구현하고자 했던 당시 사람들의 생각을 가장 잘 담고 있는 것이다. 관동십경은 시와 그림이 어우러져 시 속에 그림이 있고 그림 속에 시가 있는 데다 글씨 또한 초서체로 된 것이 많아서 회화적 품격을 더욱 높이고 있다.

관동십경 가운데 죽서루도(竹西樓圖)는 위에서 죽서루를 내려다보듯 굽이쳐 흐르는 오십천을 화폭 가운데 배치하여 강물의 흐름과 주변 풍경을 한눈에 볼 수 있다. 강변의 절벽과 그 위에 자리한 죽서루, 진주관이 고즈넉이 자리 잡고 강 건너 모래톱을 굽어보고 있다. 모래톱에는 굴새가 노닐고 둔덕에는 소나무가 숲을 이루고 있다. 오십천 강물에는 배가 떠 있고 마을에는 다리도 하나 걸쳐 있다. 또한 오십천을 감싸 안은 양안(兩岸)의 산세를 수려하게 그리고, 동쪽 산 능선으로 붉게 떠오르는 해를 멋스럽게 처리했다.

　관동십경첩에 시를 쓴 문인은 김상성 본인을 비롯하여 조명교, 조하망, 김상익, 오수채, 조적명, 이철보 등 8명으로 대부분이 소론에 속하는 인물들인데 관직 생활을 함께하면서 우의를 돈독히 하였다. 관동십경첩에 수록된 시를 살펴보면 죽서루가 총 12수 가장 많다. 이 가운데 김상성의 시를 한 수 감상해 보자.

溪水深幾許　　오십천 깊이는 얼마쯤인가?
西樓斜日明　　죽서루가 석양에 밝구나
江山猶雪色　　강산에는 아직 흰 눈이 남았는데
鷗鷺已春聲　　갈매기는 벌써 봄소리를 내네
舟子漁歌發　　사공은 뱃노래를 부르나니
使君詩意生　　사또는 시정(詩情)이 이는구나
東遊殊未惡　　관동 유람 특별히 나쁘지 않으니
忙裏亦閑情　　바쁜 가운데 또한 한가롭구나

　죽서루에는 죽서루 8경이 있었다. 세종실록 지리지를 보면 죽서루에는 죽서루 8경이 있는데 많은 시인 묵객들이 이를 노래했다고 하였다. 죽장고사(竹藏古寺), 암공청담(岩控淸潭), 의산촌사(依山村舍), 와수목교(臥水木橋), 우배목동(牛背牧童), 농두엽부(壟頭燁婦), 임류수어(臨流數魚), 격장호승(隔墻呼僧)이 죽서루 8경이다. 일찍이 고려 말기의 문인 안축(安軸)이 1330년 강원도존무사(江源道存撫使)로 부임하여 부임지를 돌아보며 관동지방의 경관과 풍속을 읊은 기행시집으로 「관동와주(關東瓦注)」가 있는데, 이 가운데 삼척 죽서루 팔경을 노래한 것이 있다. 이후 이달충(李達衷), 이곡(李穀) 등

고려시대 대표적인 문인들이 죽서루 8경을 노래했으며, 조선시대에 들어와
서도 이월진(李元鎭), 민수천(閔壽千), 채세걸(蔡世傑), 최연(崔演) 등이 역시
죽서루 8경을 노래하였다. 각 경치마다 대표적인 시 한 수씩을 불러 보자.

① 죽장고사(竹藏古寺): 대나무밭 속의 오래된 절

안축(安軸)

脩篁歲久已成圍	대나무가 오래되어 울타리가 되었는데
手鍾居僧今已非	손수 심은 스님은 지금은 살지 않네
禪楊茶軒深不見	선탑과 다헌은 깊이 있어 보이지 않고
穿林翠羽獨知歸	숲 속의 새들만이 돌아올 줄 아는구나

② 암공청담(岩控清潭): 바위로 둘러싸인 밝은 못

이곡(李穀)

巖底成潭是大川	바위 아래 못이 되니 이곳 큰 냇물이요.
岩頭直下視茫然	바위 위에서 내려다보니 아찔하구나
州人欲取潭心月	고을 사람들 못 가운데 달을 따려고 하니
知有淳風不變遷	순박한 그 풍습 바뀌지 않을 것임을 알겠다.

③ 의산촌사(依山村舍): 산기슭에 의지한 시골집

이곡(李穀)

江上青山山下村	강위는 청산이요, 청산 아래 마을인데
太平烟火不關門	저녁연기 한가롭고 대문은 열려 있네
居民豈識江山好	이곳 주민들 산수 좋음을 어찌 알랴
早起營生直到昏	일찍 일터 나가 저물녘에 돌아오니

④ 와수목교(臥水木橋): 강에 걸려 있는 나무다리

안축(安軸)

一木搖搖跨石灘	외나무다리 흔들흔들 돌여울을 건너는데
望來猶恐陷波瀾	바라보니 물에 빠질까 오히려 두렵구나
居民足與心曾熟	주민들의 발과 마음은 이미 익숙해져 있어
如過平途不細看	평지 길을 다니듯이 조심하지 않는구나

⑤ 우배목동(牛背牧童): 소 타고 가는 목동

채세걸(蔡世傑)

腰間橫笛兩軒眉	허리춤에 피리를 비껴 차고 마음은 즐거운데
身上懸括一短衣	몸에는 해진 옷이요 짧은 잠방이 입었도다
萬事不求牛飽外	소 배불리 먹이는 외는 어떤 바람도 없이
生芻數束倒騎歸	생꼴 몇다발 소에 싣고 돌아오고 있구나

⑥ 농두엽부(壟頭饁婦): 밭머리에 밥 나르는 아낙네

채세걸(蔡世傑)

提携抱負勸加餐	안고 지고 서로 도우며 서로 음식을 권하니
嫌媚情深一餉間	예쁘진 않아도 정은 깊어서 들밥을 함께 먹네
餉畢瓏蔬聊采采	다 먹고 밭둑의 나물을 잔뜩 캐어서
夕陽門外待夫還	해 저무는 문밖에서 지아비 오기를 기다리네

⑦ 임류수어(臨流數魚): 물가에서 고기 세기

이달충(李達衷)

樓下澄潭浸碧空	누각 아래 맑은 못에 푸른 하늘 잠겼는데

觀魚不覺夕陽紅	물고기를 보느라 해 지는 줄 몰랐네
乍先乍後數難定	앞서거니 뒤서거니 하여 수를 세기 힘들어
爲二爲三言未同	두 마리다 세 마리다 말마저 같지 않네

⑧ 격장호승(隔墻呼僧) : 담 너머 스님 부르기

이달충(李達衷)

面壁禪僧參栢樹	벽을 향해 참선하는 스님은 栢樹 화두에 들어 있고
登樓客子對花叢	누각에 오른 나그네는 꽃들을 마주하였다.
相呼共醉西江月	서로 불러 죽서루 강물의 달빛에 취하니
未要徒揮一卄風	티끌만큼의 바람도 떨치기를 바라지 않네

당대의 최고의 문인들은 앞을 다투어 죽서루에 대한 감흥을 시로써 표현했다. 그들 가운데 현재 죽서루에 현판으로 만들어져 죽서루의 한 부분으로 자리하고 있는 몇 작품을 감상해 보도록 하자.

동안 이승휴(李承休)가 안집사(安集使) 병부시랑(兵部侍郎) 진자사(陳子俟)와 함께 죽서루에 올라 판상(板上)에 있는 시의 운자(韻字)를 보고 그 운자대로 시를 지었다.

半空金碧駕壞嶸	높은 하늘 푸른빛은 가파르고 험준함을 더하고
俺映雲端舞棟楹	햇살 가린 구름은 누각 위에서 춤추네
斜倚翠巖看鵠擧	푸른 바위에 기대어 나는 고니를 바라보고
俯臨丹檻數魚行	붉은 난간을 잡고 내려다보며 오가는 물고기를 세어 본다.
山圍平野圓成界	산은 들을 둘러싸 동그란 경계를 만들었는데
縣爲高樓別有名	이 고을은 높은 누각으로 더욱 유명하구나
便欲投簪聊松老	문득 벼슬을 버리고 조용히 들어가려 했지만
庶將螢燭助君明	내 적은 힘이나마 나라 위해 바칠 작정이네

이승휴는 과거에 급제하여 어머니가 계시는 고향 삼척으로 금의환향하였다. 그러나 몽고의 침입으로 벼슬길이 막혀서 삼척 두타산 아래에서 농사를 지으며 살기로 하였다. 그런데 그에게 다시 관직으로 나아갈 길이 열렸던 것이다.

율곡 이이 또한 죽서루에 있는 시를 차운(次韻)하여 시를 지었다.

誰將天奧敞華樓	누가 하늘을 도와 이 아름다운 누각을 세웠는가
石老星移不己秋	그 지나온 세월 얼마인지 알 수가 없구나
野外千導浮遠岫	들판 저 멀리 산은 봉우리가 떠 있는 듯하고
沙邊一帶湛寒流	강변 모래가에는 맑고 찬 물이 흐르네
騷人自是多幽恨	시인과 묵객들은 한이 많다 하여도
淸境何須惹客愁	천하절경 바라보면 어찌 나그네의 수심이 일겠는가
會撥萬緣携纆纆	온갖 인연 모두 떨쳐버리고 낚싯대를 들고서
碧崖西畔弄眠驅	푸른 강변 서편에서 졸고 있는 갈매기와 논다.

죽서루를 노래한 시는 또다시 시를 낳았다. 선인(先人)들의 시에 차운(次韻)을 하여 시를 쓴 것이다. 율곡도 그러하였듯이 율곡의 시를 보고 이후 죽서루에 왔던 많은 사람들이 죽서루의 경치에 취하고 시에 감동되어 시를 짓는 이들이 많았다.

조선시대 성리학의 한 맥을 형성하고 있었을 뿐만 아니라 조선 후기 집권세력인 서인의 비조였기에 율곡의 시는 더욱 많은 사랑을 받았다.

죽서루를 노래한 많은 기행문학 작품들이 있다. 고려 말기 문인 안축(安軸)이 1330년 강원도존무사(江源道存撫使)로 부임하여 부임지를 돌아

보며 관동지방의 경관과 풍속을 읊은 기행시집으로 「관동와주(關東瓦注)」
를 짓고 이 기행 시문의 마무리로 경기체가의 「관동별곡(關東別曲)」을
지었다. 조선에 들어와서는 1553년(명종 8)에 홍인우(洪仁祐)가 쓴 일기체
형식의 기행문 「관동일록(關東日錄)」을 지었다. 선조 대의 문인이요 정치
가인 송강 정철은 1580년(선조 13) 강원도 관찰사로 부임하여 강원도 영
동 지방 고을을 순시하면서 가사문학의 대표작인 「관동별곡(關東別曲)」
을 지었다. 이후 모작으로 조우인(曺友仁)이 쓴 「관동속별곡(關東續別曲)」
이 있으며, 작자 미상의 기행 가사로 「관동장유가(關東壯遊歌)」가 있다.

이들 가운데 대표작은 송강 정철이 쓴 「관동별곡(關東別曲)」이다. 정철
은 45세가 되던 해에 강원도 관찰사로 제수받고 원주에 부임하여 3월에
내금강, 외금강, 해금강과 관동팔경을 두루 유람하면서 뛰어난 경치와 그
에 따른 감흥을 노래하였다. 죽서루 서쪽에 1991년 2월 문화부가 송강
정철의 달로 정한 기념으로 세운 '송강 정철 가사의 터' 비석에 「관동별
곡」 가운데 죽서루와 관련된 부분을 친절하게 보여주고 있다.

진주관 죽서루 오십천 내린 물이
태백산 그림자를 동해로 담아 가니
차라리 한강을 향해 남산에 이르고져
관원의 발길은 한도가 있는데
경치는 보고 봐도 싫증나지 아니하니
회포도 많고 많아 나그네 시름 둘 데 없다.

죽서루의 노래는 지금도 계속된다. 여류 시조시인 김은숙은 죽서루처럼
살면서 오늘도 죽서루를 노래한다. 죽서루가 숲 속에 가려서 있는 듯이
없는 듯이 자연과 조화를 이루며 자리하고 있듯이 고향 삼척에 없는 듯
이 살면서 자신의 목소리로 오늘도 죽서루를 노래하고 있다.

죽서루에 올라

오십천 휘돌아
필 비단 풀어내어
노을빛 하늘가에
물그림자 어울리면

강 건너 가람 마을에 바람꽃이 핀다나
돌부리 하나하나
천년 누각 이뤘으니
두견화 피고 지고
한 세월 보듬고서
무늬목 단청 빛마다 임의 숨결 살았는데

시객은 어디 가고
글귀만 즐비하여
자연의 법도대로
세상을 끌어안고
무위로 살아가는 법 여기 와서 배운다.

2장 　죽서루의 현판

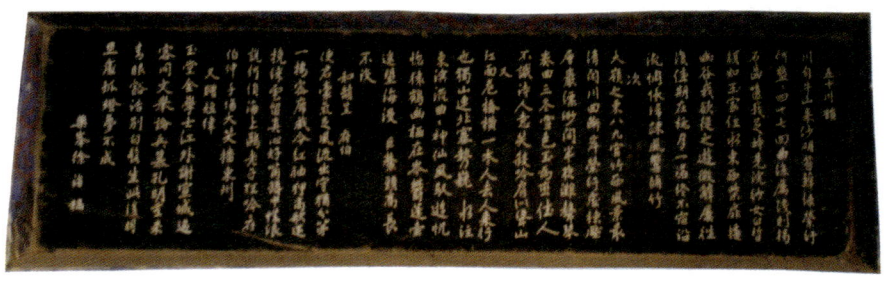

　　과거 죽서루는 관동팔경 가운데 제1경으로 꼽힐 만큼 아름다운 주위 경관을 자랑하였기 때문에 수많은 시인·문사들이 사시사철 찾아왔었다. 시작(詩作)이 일상화되어 있던 그들은 예외 없이 죽서루 누마루에서 즐겼던 주위 풍경의 시원한 눈맛을 시로 읊어 남겨 두었다. 따라서 죽서루에는 이곳을 찾았던 시인·문사들의 주옥같은 글을 새긴 현판이 많이 걸려 있었다. 그러나 1959년 9월에 삼척지방을 엄습한 사라호 태풍으로 대부분의 현판이 유실되고 지금은 28개의 현판만이 걸려 있을 뿐이다.

　　이를 종류별로 보면 '죽서루(竹西樓)' 및 그 별호(別號)를 새긴 현판이 5개, 시를 쓴 현판이 17개, 기문(記文)을 쓴 현판이 6개 걸려 있다. 이 외 중건상량문(重建上樑文)·기부금방명기(寄附金芳名記)를 쓴 현판이 각각 1개씩 있다. 비록 시를 쓴 현판은 17개이지만 그 안에는 28편의 시가 들어 있다. 이 가운데 이율곡, 정조어제시, 이구의 작품은 1992년 일중 김충현이, 정철의 작품은 일주 홍태의가, 강징의 작품은 2003년 다시 제작하여 게첩한 것이다. 여기서는 이들 각 현판에 쓰여 있는 글들의 내용을 알아보자.

　　참고로 이들 현판이 걸려 있는 위치를 보면 아래 그림과 같다.

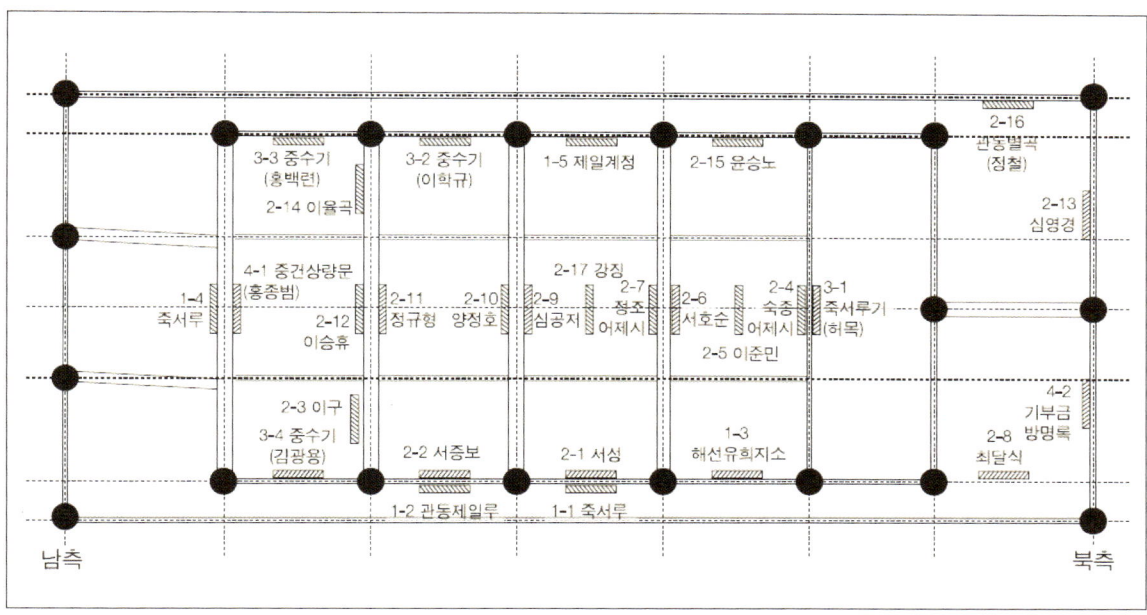

죽서루 현판 계첩도

1) '죽서루' 및 그 별호(別號)를 쓴 현판

 【현판 1-1】

이 현판의 글씨 '죽서루(竹西樓)'는 삼척부사를 지낸 이성조(李聖肇)의 작품이다. 이성조는 1710년(숙종 36) 11월에 삼척부사로 왔다가 1712년(숙종 38) 10월에 장령(掌令)으로 옮겨 갔다.

 【현판 1-2】

이 현판의 글씨 '관동제일루(關東第一樓)' 역시 조선 숙종 대 삼척부사를 지낸 이성조(李聖肇)의 작품이다.

【현판 1-3】

　이 현판의 글씨 '해선유희지소(海仙遊戲之所)'는 삼척부사를 지낸 이규헌(李奎憲)의 작품이다. 이규헌은 1835년(헌종 1) 7월에 삼척부사로 왔다가 1839년(헌종 5)에 능주 목사로 옮겨 갔다. 그는 재임 동안 부세(賦稅) 감면, 유생 교육, 백성 교화에 노력하여 선정(善政)을 펼쳤고 많은 업적을 남겼다. 그가 떠난 후 선정비(善政碑)와 흥학비(興學碑)를 세웠다.

【현판 1-4】

　이 현판의 글씨 '죽서루(竹西樓)'는 누구의 작품인지 알 수 없다.

【현판 1-5】

　이 현판의 글씨 '제일계정(第一溪亭)'은 삼척부사를 지낸 허목(許穆)의 작품이라고 한다. 허목(1595-1682)은 자를 문보(文父) 혹은 화보(和甫)라 하였고, 호를 미수(眉叟) 혹은 태령노인(台嶺老人)이라 하였다. 시호는 문정(文正)이고 본관은 양천(陽川)이다. 정구(鄭逑)의 문인으로 60세가 넘어 지평(持平)에 임명됨으로써 벼슬을 시작하였다. 장령(掌令)으로 있을 때 자의대비(慈懿大妃)의 복상(服喪) 문제로 삼척부사로 좌천되었다가, 대사헌·이조 참판을 거쳐 우의정이 되었다. 송시열(宋時烈)에 대한 가혹한

처벌을 주장하여 남인(南人)이 탁남(濁南)·청남(淸南)으로 갈리게 되었다. 학문·글씨·그림·문장에 모두 능하였으며, 특히 전서(篆書)를 잘 썼다. 저서에 동사(東事)·방국왕조례(邦國王朝禮)·경설(經說)·경례유찬(經禮類纂)·미수기언(眉叟記言) 등이 있다.

허목은 1660년(현종 1) 10월에 삼척부사로 왔다가 1662년(현종 3) 8월에 진상(進上)을 궐봉(闕封)하여 파직되었다. 그는 재임 동안 삼척지방 최초의 사찬읍지인 척주지(陟州誌)를 편찬하였고, 동해송(東海頌)을 지어 그의 독특한 서체인 고전체(古篆體)로 각석(刻石)하여 척주동해비를 건립하기도 하였다. 이 외에도 허목은 향약을 실시하고 이사제(里社制)를 실시하는 등 많은 업적을 남겼다. 이에 읍인(邑人)들이 1825년(순조 25)에 그를 경행사(景行祠)에 추배(追配)하였다.

2) 시를 쓴 현판

【현판 2-1】

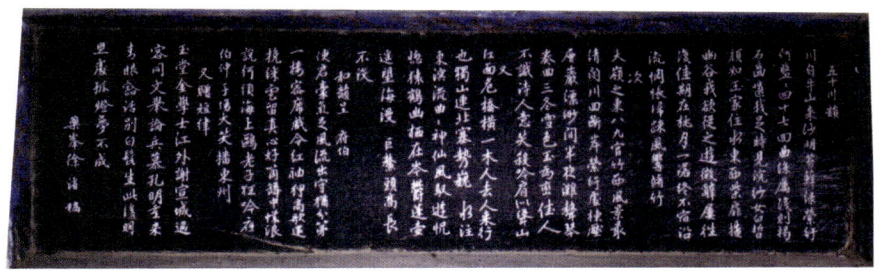

이 현판에는 서성(徐渻)이 쓴 시 5편이 새겨져 있다. 서성은 1558년(명종 13)에 태어나 1631년(인조 9)에 세상을 떠났으며 자는 현기(玄紀), 호는 약봉(藥峯)이고 시호는 충숙(忠肅)이다. 본관은 달성(達城)이다. 이이(李珥)·송익필(宋翼弼)의 문인으로 선조 때 문과에 급제하였다. 병조 좌랑(佐郎)으로 있을 때 임진왜란이 일어나자 왕을 호종하였고, 왕명으로 명장(明將) 유정(劉綎)을 접대하였다. 광해군 5년(1613) 계축옥사(癸丑獄

事)에 연루되어 11년간 유배생활을 하였으며, 인조반정 후 병조·호조판서를 냈다. 학문을 즐겨 이인기(李麟奇)·이호민(李好閔) 등과 남지기로회(南池耆老會)를 조직하여 역학(易學)을 토론하였으며, 서화(書畵)에도 뛰어났다. 저서에 약봉집(藥峯集)이 있다. 현판의 시 내용은 다음과 같다.

① 五十川韻(오십천운)

川自牛山來(천자우산래)　沙明苔蘚綠(사명태선록)
聊紆何盤盤(영우하반반)　四十七回曲(사십칠회곡)
深褰淺則揭(심려천즉게)　石齒諒我足(석치교아족)
時見浣紗女(시견완사녀)　白皙顏如玉(백석안여옥)
家住水東西(가주수동서)　柴扉掩幽谷(시비엄유곡)
我欲從之遊(아욕종지유)　微辭屢往復(미사루왕복)
佳期在桃月(가기재도월)　一諾終不宿(일낙종불숙)
沿流趣愴歸(연류추창귀)　疎風響修竹(소풍향수죽)

'오십천'을 차운(次韻)하다

우보산에서 흘러내린 냇물
모래는 깨끗하고 이끼는 푸르구나.
굽이쳐 흐름이 몇 구비인가
마흔일곱 구비 돌아 흐르네.
깊은 곳은 옷을 허리까지 걷고 얕은 곳은 무릎까지 걷고서 건너니
돌부리 내 발을 찌르고
때맞추어 보이는 빨래하는 여인은
얼굴이 옥과 같이 희구나.
집들은 냇물 동서로 자리 잡았는데
사립문이 깊숙한 골짜기를 가리는구나.
내 마음은 쫓아가 노닐면서
소곤소곤 많은 정담을 나누고 싶지만
3월에 만나기로 하였으니
한번 승낙함에 결국 머물지 못하고
흐르는 물길 따라 쓸쓸히 돌아오려니
간간이 부는 바람 긴 대나무 숲을 울리네.

② 次(차)

大嶺之東八九官(대령지동팔구관)　竹西風景最淸閑(죽서풍경최청한)
川回斷岸聊紆處(천회단안영우처)　棟壓層巖價停間(동압층암표묘간)
半夜灘聲琴奏曲(반야탄성금주곡)　三冬雪色玉爲巒(삼동설색옥위만)
佳人不識詩人意(가인불식시인의)　笑殺吟肩似聳山(소살음견사용산)
차운(次韻)하다

대관령 동쪽에 여덟아홉 개의 고을이 있지만
죽서루 풍경이 가장 맑고 조용하구나.
냇물은 절벽을 휘감고 돌아 흐르고
용마루는 층암절벽 위에 높게 솟아 아득하구나.

한밤의 여울물 흐르는 소리는 거문고 타는 것 같고
겨울의 설경(雪景)은 옥이 쌓여 작은 산을 이룬 듯한데
사모하는 임은 시인의 마음을 몰라주니
웃음소리에 시인의 어깨만이 산처럼 치솟는구나.

③ 又(우)

江面危橋橫一木(강면위교횡일목)　人去人來行也獨(인거인래행야독)
山連北塞勢巍巍(산연북새세외외)　水注東溟流曲曲(수주동명류곡곡)
神仙風馭游拉惚(신선풍어유황홀)　猿鶴幽栖在岑鬱(원학유서재잠울)
蓬壺遙望海漫漫(봉호요망해만만)　巨鰲頭高長不沒(거오두고장불몰)

또 차운(次韻)하다

강 위에 놓인 위태로운 외나무다리
오가는 사람 혼자서 건너야 하고
북쪽 지경에 늘어선 산들 그 기세 높고 크며
동쪽 바다로 흘러가는 물 구불구불 흘러가니
신선이 바람을 타고 황홀하게 노니는 것 같고
원숭이와 학이 산봉우리 울창한 숲 속에 깃들인 듯하네.
저 멀리 봉래산(蓬萊山)[1] 바라보니 바다는 아득한데
큰 자라 머리 높아 오래도록 사라지지 않는구나.

1) 동해 가운데 있다는 산으로
　　신선이 산다고 한다.

④ 和韻呈府伯(화운정부백)

使君豪氣足風流(사군호기족풍류)　出守猶分第一樓(출수유분제일루)
密席戲令紅袖狎(밀석희령홍수압)　高歌還挽採雲留(고가환만채운류)
眞心好箇瓷中蟻(진심호개준중의)　浪說何須海上鷗(낭설하수해상구)
老子狂吟應伯仲(노자광음응백중)　千場大笑播東州(천장대소파동주)

화운(和韻)하여 부사에게 주다

부사 그대의 호방한 기상 풍류를 즐기기에 충분하더니만
수령으로 나감에 또한 제일 좋은 누각이 있는 지방에 임명되었구려
조용한 자리 마련하고 미인을 가까이하여 즐겁게 노니
큰 노래 소리에 비단구름마저 머무는구나
진실된 마음에 술을 적당히 마셨는데
뜬소문에 어찌 바다의 갈매기가 내려와 놀아 주기를 바라겠는가
노자(老子)가 취기 어려 시가를 읊음이 마땅히 이러하였을 것이니
한바탕 큰 웃음소리만이 동쪽 고을로 퍼져가네

⑤ 又贈短律(우증단율)

玉堂金學士(옥당김학사)　江外謝宣城(강외사선성)
過客同文擧(과객동문거)　論兵慕孔明(논병모공명)
重來靑眼豁(중래청안활)　話別白髭生(화별백자생)
此後明思處(차후명사처)　孤燈夢不成(고등몽불성)

藥峯(약봉) 徐渻稿(서성고)

또 짧은 율시(律詩)를 지어 주다

옥당(玉堂)[2]의 김 학사(學士)가
강 너머에서 작별하고 선성(宣城)으로 떠나갈 때
이 나그네도 글 모임에 함께 참석하여
병법(兵法)을 논하며 제갈량(諸葛亮)을 사모하였었는데
다시 찾아오니 반겨주는 눈은 광활하지만
이별의 말을 나누자니 흰 수염이 생겼구나
이후로 그리움만 더해 가는데
외로운 등불 아래 꿈조차 꿀 수 없구나

약봉 서성이 쓰다.

2) 홍문관(弘文館)을 말한다.

【현판 2-2】

이 현판에는 서증보(徐曾輔)가 쓴 시 3편이 새겨져 있다. 서증보는 고종 7년(1870) 5월에 삼척부사로 왔다가 고종 8년(1871) 5월에 은산 군수로 옮겨 갔다. 시 내용은 다음과 같다.

① 敬次忠肅先祖板上韻(경차충숙선조판상운)

海上猶能做好官(해상유능주호관) 竹樓公退讀書閒(죽루공퇴독서한)
仙居弱水三千里(선거약수삼천리) 梵宇淸風五百間(범우청풍오백간)
逝者如斯無晝夜(서자여사무주야) 望之尤美幾峯巒(망지우미기봉만)
已穿先祖詩多感(기분선조시다감) 王考遺碑似峴山(왕고유비사현산)

삼가 선조 충숙공(忠肅公)[3]이 쓴 판상(板上)의 시를 차운(次韻)하다

바닷가 좋은 고을의 관리가 되어
공무를 끝내고 죽서루에서 독서하며 한가로이 보내니
신선이 사는 삼천리 약수(弱水)[4]이고
시원한 바람 이는 오백 칸 범왕궁(梵王宮)[5]인데
흐르는 물 밤낮없이 흘러가고
바라보이는 숱한 산봉우리 더욱더 아름다운데
선조가 쓴 시 몸소 먼지 털고 보니 감회가 더욱더 새로워지고
왕고(王考)가 남기신 비 현산비(峴山碑)[6]와 같아 눈물이 나는구나

② 敬次李文成公板上韻(경차이문성공판상운)

嶺東名擅竹西樓(영동명천죽서루) 石氣川光夏亦秋(석기천광하역추)
含白山中雲自出(함백산중운자출) 鳳凰臺下水空流(봉황대하수공류)

3) 약봉(藥峯) 서성(徐渻)을 말한다.
4) 선경(仙境)에 있다는 강 이름으로, 홍모(鴻毛)도 가라앉지 않는다고 한다.
5) 범천왕(梵天王)의 궁전을 말한다.
6) 중국 호북성 양양현의 남쪽에 있는 현산(峴山)에 있는 비이다. 진(晉)의 양호(羊祜)가 양양의 지방관이 되었을 때 항상 현산에 올라가서 즐겼다. 후에 양호가 죽자 사람들이 그를 사모하여 현산에다 비를 세우고 매년 제사를 지냈는데, 그 비를 보는 자는 모두 눈물을 흘리며 울었다고 한다. 이에 타루비(墮淚碑)라고도 한다.

臨風每有飄飄興(임풍매유표표흥) 落日還生渺渺愁(낙일환생묘묘수)
回首蓬萊千里隔(회수봉래천리격) 二年滄海狎眠鷗(이년창해압면구)

삼가 이문성공(李文成公)[7]이 쓴 판상(板上)의 시를 차운(次韻)하다

7) 율곡(栗谷) 이이(李珥)를 말
   한다.

영동 지방에 이름난 죽서루는
돌 기운과 냇물 빛 때문에 여름 또한 가을 같구나.
함백산 속에서는 구름이 저절로 피어오르고
봉황대 아래 물은 쓸쓸히 흐르니
바람을 쐴 적마다 흥취가 일다가도
해가 지면 도리어 근심이 밀려오네.
머리를 돌려 봉래산(蓬萊山) 바라보지만 천 리나 되어
이 년간 바닷가에서 한가히 노니는 갈매기만 가까이하였구나.

③ 辛未孟夏有吟(신미맹하유음)

海上遲遲獨倚樓(해상지지독의루) 隋時景物一搔頭(수시경물일소두)
白雲黃鶴今何在(백운황학금하재) 大澤名山舊遠遊(대택명산구원유)
擧目總非吾土美(거목총비오토미) 怡心還忘異鄉留(이심환망이향류)
登臨杳有千年恨(등림묘유천년한) 夕照蒼然兩凾秋(석조창연양빈추)
碧海無東太白西(벽해무동태백서) 竹樓高興遠雲齊(죽루고흥원운제)
蒼茫悉直千年事(창망실직천년사) 五十川頭夕日低(오십천두석일저)
古竹藏西竹嶺東(고죽장서죽령동) 飛樓儥停白雲中(비루표묘백운중)
如聞笙鶴來蓬島(여문생학래봉도) 五十川回碧海通(오십천회벽해통)
樓臨無地水儀儀(누림무지수린린) 壁立超然出世塵(벽립초연출세진)
隱約靑山多秀氣(은약청산다수기) 此中如見採芝人(차중여견채지인)
雪晴月白五更風(설청월백오경풍) 一色乾坤萬里空(일색건곤만리공)
吟望玉京依北斗(음망옥경의북두) 此樓疑是廣寒宮(차루의시광한궁)

신미년(辛未年) 첫 여름에 읊다

바닷가 천천히 걸어와 죽서루에 홀로 기대서서
철 따라 바뀌는 경치에 머리를 한 번 쓸어 넘겼다.
흰 구름 속 황학(黃鶴)은 지금 어디에 있는가
큰 못 이름난 산들이 예전에 놀던 벗들인데
눈을 들어 바라보니 모두 내가 머무를 아름다운 곳은 아니지만
마음이 즐거우니 도리어 타향에 있다는 것을 잊겠구나
아래를 내려다보니 천년의 한 그윽하게 서려 있는데
저녁 햇살에 노인의 양 귀밑머리 창연(蒼然)하고

동쪽 푸른 바다 끝이 없고 서쪽은
태백산인데
죽서루 높이 솟아 멀리 구름에 닿
았구나
실직(悉直)의 천년 사적 아득한데
오십천 물가에 석양이 드리우고
옛 죽장사 터 서쪽에 있고 죽령은
동쪽인데
죽서루는 아득히 구름 속에 높이 솟았구나
봉도(蓬島)[8]로 날아가는 생학(笙鶴)[9]의 울음소리 들리는 듯한데
오십천 푸른 바다 휘돌아 흘러가고
누각에서 굽어보니 땅은 보이지 않고 물소리만 들리는데
절벽은 높이 솟아 세속을 벗어났구나
희미하게 보이는 청산은 빼어난 기운을 가득 품었으니
이 산 속에서 영지(靈芝)를 캐는 은인(隱人)을 만날 것 같고
눈 개이고 달 밝은 새벽녘에 바람이 부니
온 천지가 한 가지 색깔이구나
시를 읊으며 옥경(玉京)[10]이 북두칠성에 의지함을 보고 있으니
이 죽서루가 곧 광한궁(廣寒宮)[11]이 아닌가 싶구나

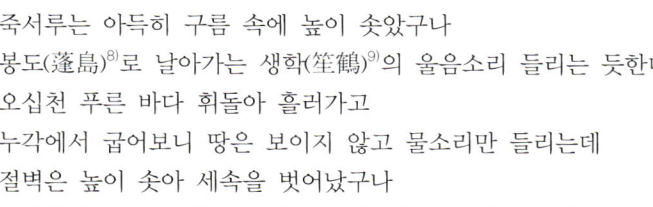

<현판 2-3>

【현판 2 - 3】

이 현판에는 이구(李球)[12]가 쓴 시 '죽서루(竹西樓)' 2편이 새겨져 있는
데, 일중(一中) 김충현(金忠顯)의 글씨를 새겨 놓았다. 하나는 심동로(沈
東老)[13]를 생각하며 쓴 시이고, 또 하나는 최복하(崔卜河)를 생각하며 쓴
시이다. 이구는 고려 충정왕 2년(1350)에 생원이 되고, 뒤에 목사(牧使)에
이르렀다. 공민왕 12년(1363)에 전녹생(田祿生) 등의 모반 음모를 고하지
않은 죄로 순위부(巡衛府)에 갇혀 국문을 받았고, 우왕 때 문하평리(門下
評理)에 올랐다. 시 내용은 다음과 같다.

① 竹西樓(죽서루)

　　三陟官樓是竹西(삼척관루시죽서)　　樓中佳客沈中書(루중가객심중서)
　　如今白首能詩酒(여금백수능시주)　　暇日相遊爲說予(가일상유위설여)
　　　　　　　　　　　　　　　　　　　　憶沈東老(억심동로)

8) 봉래산(蓬萊山)을 말한다.
9) 선학(仙鶴)의 이름이다.
10) 옥황상제가 산다는 서울을
　　말한다.
11) 달에 있는 궁전이다.
12) 현판에는 李球(이구)로 되
　　어 있으나 李玖(이구)라야
　　맞을 것 같다.
13) 삼척 심씨의 시조로 고려
　　충선왕 2년(1310)에 태어
　　났으며 초명(初名)은 한(漢),
　　호는 신재(信齋)로 문림랑
　　군기주부(文林郎軍器主
　　簿) 적충(迪沖)의 현손이
　　고 검교(檢校) 수문(秀文)
　　의 아들이다. 과거에 급제
　　하여 직한림(直翰林)에 있
　　다가 부모 공양을 위해 지
　　방관이 되기를 원하여 공
　　민왕 원년(1352)에 통천
　　(通川) 군수에 임명되었다
　　가 내서사인(內書舍人)이
　　되었다.
　　그는 고려 말의 해이해진
　　정치를 바로잡으려 하다가
　　권문세족들에게 미움을 받
　　아 공민왕의 만류에도 불
　　구하고 낙향하였다. 이때
　　공민왕이 그의 의지를 꺾
　　을 수 없음을 알고 동쪽으
　　로 간 노인이라는 의미의
　　동로(東老)라는 이름을 내
　　려주었다. 만년에 조정에
　　서　예의판서제학(禮儀判
　　書提學)에 임명하고 진주
　　군(眞珠君)에 봉하였으나
　　사양하고 나아가지 않았다.

죽서루

삼척지방 누각 하면 곧 죽서루인데
누각 안의 가객(佳客)은 심중서(沈中書)[14]로구나.
지금은 흰머리 노인이지만 시를 짓고 술을 마실 수 있으니
한가한 날 어울려 놀며 나와 이야기나 나누어 보겠는가.
심동로(沈東老)를 생각하며 쓰다

14) 심동로(沈東老)를 말한다. 심동로가 내서사인(內書舍人)을 지냈기 때문에 이른 말이다.

② 竹西樓(죽서루)

鳳池司諫臥仙海(봉지사간와선사)　　早知滄浪漁父歌(조지창랑어부가)
爲說濂梅時所急(위설염매시소급)　　天廚鼎味待君和(천주정미대군화)
　　　　　　　　　　　　　　　　　　憶崔卜河(억최복하)

죽서루

신선이나 타는 뗏목에 누워 쉬고 있는 중서성(中書省) 사간(司諫)은
일찍이 창랑(滄浪)의 어부가(漁父歌)[15]를 알았구나.
말하건대 임금을 도와 선정을 베풀게 하는 것이 지금의 급한 일이니
임금이 정치를 함에 그대가 나와 도와주기를 기다리고 있다네.
최복하(崔卜河)를 생각하며 쓰다

15) 내용은 '창랑지수청혜(滄浪之水淸兮) 가이탁아영(可以濯我纓) 창랑지수탁혜(滄浪之水濁兮) 가이탁아족(可以濯我足)'으로, 세상이 다스려지면 나아가 벼슬을 하고 세상이 어지러우면 은둔함을 말한다.

【현판 2-4】

이 현판에는 조선 19대 왕인 숙종이 쓴 시 '죽서루(竹西樓)'와 이 시를 죽서루에 걸게 된 사유를 설명한 삼척부사 이상성(李相成)의 글이 새겨져 있다. 이상성은 자가 원경(元卿)이고 호는 영은(穎隱)이다. 본관은 광주(廣

州)이다. 문과에 급제하여 참의(參議)에 이르렀다가 신임사화(辛壬士禍)로 인하여 파직되었고, 1723년에 사망하였다. 효성이 지극하였다 한다. 이상성은 숙종 46년(1720) 3월에 삼척부사로 왔다가 경종 2년(1723) 6월에 탄핵을 받아 파직되었다. 그는 삼척부사 재임 동안 유생 교육에 힘썼다. 숙종의 시와 이상성의 글 내용은 다음과 같다.

御製(어제)

暐兀層崖百尺樓(율올층애백척루)　　朝雲夕月影清流(조운석월영청류)
儀儀波裡魚浮沒(린린파리어부몰)　　無事喊欄狎白鷗(무사빙란압백구)

임금이 지은 시

위태로운 벼랑 위에 높이 솟은 백 척 누각
아침에는 구름 저녁에는 달그림자 맑은 물에 드리우고
반짝이는 물결 속에는 물고기 뛰어올랐다 가라앉았다 하는데
한가로이 난간에 기대어 백구(白鷗)를 희롱하네.

先大王御集中 有關東八景詩 竹西樓卽其一也 今於刊布之日 以臣相成 曾經侍從 亦與宣賜之恩 臣適守兹土 奉讀遺韻 益不勝逐項之泡 兹敢瀑梓懸揚與子平陵察訪臣光遠 續題其後 以寓哀慕之誠焉

崇禎紀元後九十四年辛丑五月日

선대왕(先大王)[16]의 문집 중에 관동팔경을 노래한 시가 있는데 '죽서루(竹西樓)'도 곧 그중의 하나이다. 지금 선대왕의 문집을 간행하여 배포하는 날을 맞이하여 나 상성(相成)이 일찍이 시종(侍從)을 지냈다고 하여 또한 문집을 하사해 주는 은혜를 베풀어 주었는데, 내가 마침 삼척부사여서 선대왕이 남긴 그 시를 받들어 읽으니 더욱더 목이 메는 심정을 이기지 못하였다. 이에 감히 판목에다 새겨 높이 걸고는 내 아들 평릉(平陵) 찰방(察訪) 광원(光遠)과 더불어 그 뒤에다 몇 자 적어 슬퍼하며 사모하는 정성을 나타내었다.
　　　　숭정(崇禎) 기원후 94년 신축년(1721: 경종 1) 5월일에 쓰다.

16) 조선 19대 왕인 숙종(肅宗)을 말한다.

【현판 2-5】

17) 임억령(林億齡)을 말한다. 임억령(1496-1568)은 자가 대수(大樹), 호가 석천(石川)이고 본관은 선산(善山)이다. 박상(朴祥)의 문인으로 문과에 급제하여 중종 때 부교리·지평·전한(典翰) 등 여러 벼슬을 거쳐 명종 즉위년(1545) 을사사화(乙巳士禍) 때 금산 군수로 있다가, 동생 백령(百齡)이 소윤(小尹)에 가담하여 많은 선비들을 추방하자 자책을 느끼고 은거하였다. 그 후 명종 7년(1552)에 다시 등용되어 동부승지(同副承旨)·병조참지(參知)를 거쳐 이듬해 강원도 관찰사에 임명되었다. 저서에 석천집(石川集)이 있다.

이 현판에는 이준민(李俊民)이 1559년(명종 14)에 석천(石川)[17]의 시를 차운(次韻)하여 쓴 시와 이준민의 증손 강릉 부사 이지무(李枝茂)가 1657년(효종 8)에 역시 같은 운자(韻字)로 쓴 시, 그리고 이준민의 5대 손이며 이지무의 손자로 삼척부사를 지낸 이성조(李聖肇)가 1711년(숙종 37)에 역시 같은 운자를 사용하여 쓴 시가 새겨져 있다. 또 이 현판에는 이준민의 8대손이며 이성조의 증손인 삼척포 영장(營將) 이윤국(李潤國)이 1771년(영조 47)에 죽서루에서 없어진 자기 조상들의 시판(詩板)을 새로 새겨 걸 때 쓴 글과 이준민의 12대손이며 이윤국의 고손(高孫)인 삼척포 영장 이석호(李晳鎬)가 1894년(고종 31)에 자기 조상들의 시판을 중수하면서 쓴 글이 같이 새겨져 있다.

이준민은 자가 자수(子修), 호가 신암(新菴)이며 시호는 효익(孝翼)으로 본관은 전의(全義)이다. 그는 문과에 급제하여 명종 대에 정자(正字)·강계부사 등을 지냈으며, 선조 대에 좌승지·좌참찬(左參贊) 등을 역임하였다. 한편 이성조는 1710년(숙종 36) 11월에 삼척부사로 왔다가 1712년(숙종 38) 10월에 장령(掌令)으로 갔다. 이 현판의 글 내용은 다음과 같다.

① **敬次石川**(경차석천)

　　天地無心客(천지무심객)　　江湖有約人(강호유약인)
　　斜陽樓百尺(사양루백척)　　虛送故園春(허송고원춘)
　　己未仲夏旬三(기미중하순삼)　全義李俊民(전의이준민)
　　　　　　　　　　삼가 석천(石川)의 시를 차운(次韻)하다

세상일에 무심한 나그네
강호에 살기로 사람들과 약속했네.
백 척 누각에 해 넘어가니
고향에서의 젊은 시절 헛되이 보냈구나.

기미년(1559) 5월 13일에 전의 사람 이준민이 쓰다

②

依舊山川勝(의구산천승) 存亡古今人(존망고금인)
堪嗟遊賞日(감차유상일) 又是竹樓春(우시죽루춘)

산천의 승경(勝景)은 옛날과 같고
사람의 삶과 죽음도 예나 지금이나 같구나.
탄식을 참으며 즐겁게 노니는 이날은
바로 죽서루의 봄날이다.

先祖參贊公次石川詩 壁上有題 今已九十餘歲 不勝感愴 謹書以記云
丁酉季春 曾孫 江陵府使 枝茂

선조 참찬공(參贊公: 이준민을 말함)이 석천(石川)의 시를 차운(次韻)하여 지
은 시가 벽 위에 쓰여 있으니 지금 벌써 90여 년이 되었다.
사모하는 마음에 슬픔을 이기지 못하여 삼가 몇 자 적어 이렇게 기록하노라.

정유년(1657) 3월 증손 강릉부사 지무(枝茂)

③

兩祖登臨地(양조등림지) 今來感慕人(금래감모인)
誠題前後詠(갱제전후영) 百五十三春(백오십삼춘)

두 분 할아버지가 오르셨던 곳
이제야 찾아와 감동하여 사모하는 후손이라네.
두 분이 이어서 지은 시가 앞뒤로 걸려 있으니
세월은 흘러 벌써 153년이 지났네.

先祖參贊公題竹樓 後九十九年 祖父承旨公次題 又其後五十四年 不肖孫守
玆邑 謹續次以寓感慕面 恐各板見失 模本集刻云
辛卯季春 五代孫府使聖肇

선조 참찬공(參贊公: 이준민을 말함)이 죽서루 시를 지었는데, 그 99년 후에 조부 승지공(承旨公: 이지무를 말함)이 차운(次韻)하여 시를 지었고 또 그 54년 후에 불초(不肖) 후손 내가 이 고을에 부사로 와서 계속 차운하여 시를 지어 감동하여 사모하는 체면을 나타내었다. 그런데 각목판을 잃어버릴까 염려되어 원판의 시를 본떠 모아서 이렇게 새겼다.

신묘년(1711) 3월 5대손 부사 성조(聖肇)

④

惟我八代祖五代祖曾祖考　三世五言節句　同一板揭竹西樓久矣　不肖孫潤國
來守鎭營　見樓上無所存　此必歲遠朽落　不勝悲歎　乃取家中所藏印本　改刻還
揭　嗚呼　曾王考以肅宗辛卯作府伯　不肖孫潤國贙鎭　亦在此年一甲葯回　改懸
詩板事　若有不偶然者　謹書于下端　以識追感焉

辛卯冬日不肖孫營將潤國謹書

나의 8대 조와 5대 조 그리고 증조 이 3대가 쓴 오언절구의 시가 같은 목판에 새겨져 죽서루에 걸려 있은 지는 오래되었는데, 불초(不肖) 후손 윤국(潤國)이 삼척 진(鎭)영장(營將)으로 부임한 후 죽서루에 이 시판(詩板)이 없어졌다는 것을 알았다. 이는 반드시 세월이 오래되다 보니 썩어서 떨어진 것이겠지만 슬픔을 이기지 못하였다. 이에 집안에 보관하고 있던 인쇄본을 가져다가 고쳐 새겨 다시 걸었다. 아! 슬프다. 증조할아버지가 숙종 대 신묘년(辛卯年)에 삼척부사가 되었는데 불초 후손 윤국이 삼척 진영장으로 부임한 것도 역시 신묘년이니, 막 60년이 지나 시판을 고쳐 건 것은 우연한 일이 아닌 것 같다. 이에 아래쪽 끝에다 삼가 몇 자 적어 추모하는 마음을 나타내었다.

신묘년(1771) 겨울 어느 날 불초 후손 영장(營將) 윤국(潤國)이 삼가 쓰다

⑤

先祖孝翼公板韻之刑弊許久矣　後孫來守本鎭　感慕而重修焉

甲午七月日十二代孫營將晳鎬

선조 효익공(孝翼公: 이준민을 말함)의 시를 새겨 놓은 목판의 형상이 낡은지 매우 오래되었다. 후손이 삼척 진(鎭)영장(營將)으로 부임한 후 감동하여 사모하는 마음에 중수하였다.

갑오년(1834) 7월 어느 날 12대손 영장(營將) 석호(晳鎬)

이 현판에는 서호순(徐灝淳)이 1847년(헌종 13)에 자기 선조 약봉(藥峯) 서성(徐渻)의 시를 차운(次韻)하여 지은 시 2편이 새겨져 있다. 서호순은 1846년(헌종 12) 11월에 삼척부사로 왔다가 1847년(헌종 13) 12월에 홍주목사로 갔다. 시 내용은 다음과 같다.

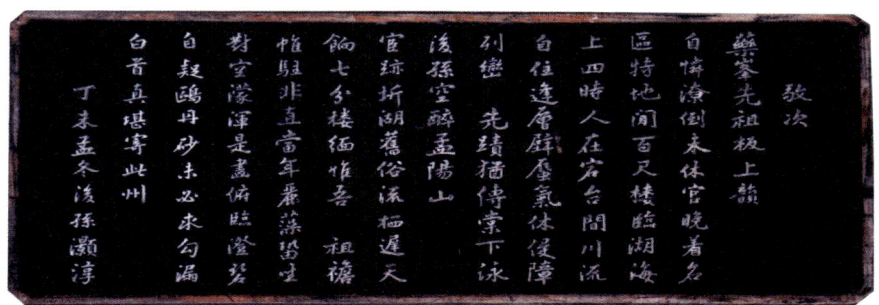

① **敬次藥峯先祖板上韻**(경차약봉선조판상운)

自憐頹倒未休官(자련요도미휴관) 晩着名區特地閒(만착명구특지한)
百尺樓臨湖海上(백척루임호해상) 四時人在宕台間(사시인재탕이간)
川流自住逢層壁(천류자주봉층벽) 蜃氣休侵障列巒(신기휴침장열만)
先蹟猶傳棠下詠(선적유전당하영) 後孫空醉孟陽山(후손공취맹양산)

삼가 약봉(藥峯) 선조가 쓴 판상(板上)의 시를 차운(次韻)하다

스스로 노쇠한 것을 가련하게 여기면서도 벼슬을 그만두지 않았더니
늘그막에 경치 좋은 곳에 부임하여 매우 한가롭구나.
백 척 누각 호수와 바닷가에 우뚝 서 있고
하루 종일 사람들 즐겁게 노니는데
흐르는 냇물 빙빙 돌며 층암절벽에 부딪히고
대합조개 토하는 기운 서서히 밀려와 줄지어 선 산봉우리 가로막네.
선조가 남긴 자취, 백성들이 그 덕을 칭송하였음을 말해 주는 것 같은데
후손은 맹양산(孟陽山)에서 헛되이 술에 취해 있구나.

②

官跡圻湖舊俗流(관적기호구속류) 栖遲天餉七分樓(서지천향칠분루)

緬惟吾祖站禪駐(면유오조첨유주)　非直當年麗藻留(비직당년려조류)
坐對空饞渾是畵(좌대공몬혼시화)　俯臨澄碧自疑鷗(부림징벽자의구)
丹砂未必求句漏(단사미필구구루)　白首眞堪寄此州(백수진감기차주)
　　　　　　　　丁未孟冬(정미맹동)　後孫灝淳(후손호순)

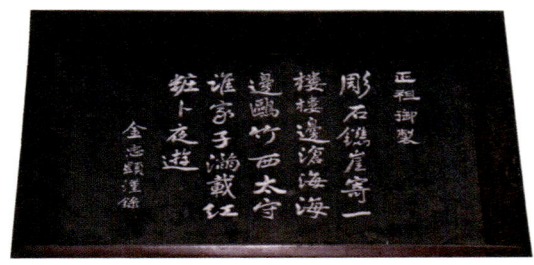

서울과 지방의 관직을 전전한 보잘것없는 늙은이
놀고 지냄에 하늘이 칠분루(七分樓) 고을에 보내었네.
멀리 돌아보면 우리 선조의 수레가 머물렀던 곳인데
단지 머무름에 그치지 않아 아름다운 시 오랫동안 남아 있구나.
앉아서 자욱이 내리는 안개 바라보자니 온 천지가 그림 같고
맑고 푸른 물 내려다보니 내 자신 갈매기가 아닌가 싶구나.
단사(丹砂)를 꼭 구루산(句漏山)에서 구해야 할 필요가 없으니
백발 되어 이 고을 벼슬살이 정말로 할 만하구나.
　　　　　　　　정미년(1847) 10월 후손 호순(灝淳)

 【현판 2-7】

이 현판에는 조선 22대 임금인 정조가 쓴 시가 새겨져 있는데, 일중(一中) 김충현(金忠顯)의 글씨를 새겼다. 시의 내용은 다음과 같다.

正祖御製(정조어제)

彫石鐫崖寄一樓(조석전애기일루)　樓邊滄海海邊鷗(누변창해해변구)
竹西太守誰家子(죽서태수수가자)　滿載紅粧卜夜遊(만재홍장복야유)

정조 임금이 쓴 시

돌 다듬고 절벽 쪼아 세운 누각 하나
누각 옆은 푸른 바다이고 바닷가에는 갈매기 노니네.
죽서루 있는 고을 태수 누구 집 아들인가
미녀들 가득 싣고 밤새워 뱃놀이하겠구나.

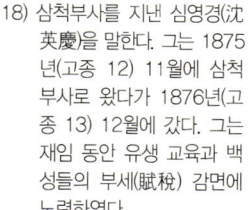 【현판 2-8】

이 현판에는 만포(晩圃) 최달식(崔達植)이 심 부사(府使) 종산(鍾山)[18]의

18) 삼척부사를 지낸 심영경(沈英慶)을 말한다. 그는 1875년(고종 12) 11월에 삼척부사로 왔다가 1876년(고종 13) 12월에 갔다. 그는 재임 동안 유생 교육과 백성들의 부세(賦稅) 감면에 노력하였다.

시를 차운(次韻)하여 쓴 시가 새겨져 있다. 시의
내용은 다음과 같다.

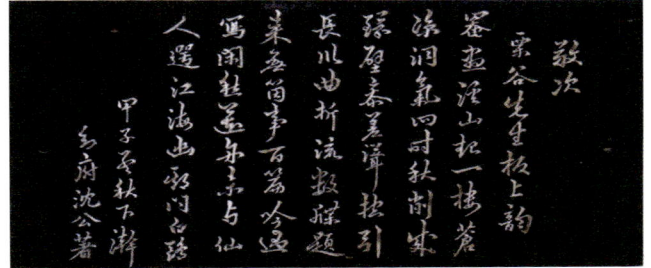

敬次沈侯鍾山板上韻(경차심후종산판상운)

有名陟府有名樓(유명척부유명루)　樓下長川不盡
流(누하장천부진류)
古渡煙濃迷遠樹(고도연농미원수)　虹橋雲斷罷行
舟(홍교운단파행주)
歌娥舞袖隨時出(가아무수수시출)　騷客吟唇暇日遊(소객음순가일유)
一目難收千萬景(일목난수천만경)　十登無厭久淹留(십등무염구엄류)
晚圃崔達植謹稿(만포최달식근고)

삼가 심후(沈侯) 종산(鍾山)이 쓴 판상(板上)의 시를 차운(次韻)하다

유명한 삼척의 이름난 누각
누각 아래 긴 냇물은 끊임없이 흘러가네.
옛 나루터 연기 짙으니 멀리 선 나무들 흐리게 보이고
무지개다리 조각구름 걸리니 뱃놀이 멈추네.
노래하며 춤추는 미인의 소맷자락 때때로 내뻗어지고
시인은 시를 읊으며 한가한 날을 즐기고 있네.
한 번 보아서는 다 감상하기 어려운 수많은 절경들
열 번 올라도 싫증나지 않아 오래오래 머무르네.
만포(晚圃) 최달식(崔達植)이 쓰다

 【현판 2-9】

이 현판에는 심공저(沈公著)가 1804년
(순조 4)에 율곡(栗谷) 이이(李珥)의 시를
차운(次韻)하여 쓴 시가 새겨져 있다. 심
공저는 1804년(순조 4) 2월에 삼척부사로
왔다가 1805년(순조 5) 7월에 청주 목사
로 옮겨 갔다. 시의 내용은 다음과 같다.

敬次栗谷先生板上韻(경차율곡선생판상운)

豆畵溪山起一樓(엄화계산기일루)　蒼凉洞氣四時秋(창량동기사시추)

削成環壁參差聳(삭성환벽참차용)　控引長川曲折流(공인장천곡절류)
數牒題來無箇事(수첩제래무개사)　百篇吟過寫閑愁(백편음과사한수)
蓮舟未與仙人約(연주미여선인약)　江海幽期問白鷗(강해유기문백구)
　　　　　　甲子孟秋下澣(갑자맹추하한)知府沈公著(지부심공저)

삼가 율곡(栗谷) 선생이 쓴 판상(板上)의 시를 차운(次韻)하다

그림같이 아름다운 시내와 산을 배경으로 우뚝 솟은 누각 하나
어쩐지 쓸쓸한 골짜기 기운 사시사철 가을 같구나.
깎아지른 듯 둘러선 절벽 높고 낮게 솟아 있고
잡아당긴 듯한 긴 냇물 구불구불 흘러가네.
몇 장의 공문서 가지고 왔으나 별일 아니니
많은 시 읊조리며 지내는 것은 쓸데없는 근심 없애기 위함이라
연밥 따는 배는 신선을 만나지 못하여
강과 바다의 비밀스런 기약 백구(白鷗)에게 묻는구나.
　　　　　　　　　갑자년(1804) 7월 하순 부사 심공저(沈公著)

【현판 2-10】

　　이 현판에는 양정호(梁廷虎)가 1728년(영조 4)에 율곡(栗谷) 이이(李珥)의 시를 차운(次韻)하여 쓴 시가 새겨져 있다. 양정호는 1728년(영조 4) 5월에 삼척부사로 왔다가 1729년(영조 5) 10월에 파직되어 갔다. 시의 내용은 다음과 같다.

竹西樓敬次栗谷先生韻(죽서루경차율곡선생운)

蒼崖蒔起架飛樓(창애두기가비루)　三伏炎蒸爽似秋(삼복염증상사추)
遠峀浮嵐濃淡態(원수부람농담태)　晴川芳草淺深流(청천방초천심류)
雕欄物色添詩料(조란물색첨시료)　錦席絃歌散客愁(금석현가산객수)
吏隱名區暢自愧(이은명구번자괴)　江湖一約負沙鷗(강호일약부사구)
　　　　　戊申流金日(무신류금일)　知府梁廷虎稿(지부양정호고)

죽서루에서 삼가 율곡 선생의 시를 차운하다

푸른 이끼 낀 절벽 위에 우뚝 솟은 높은 누각
삼복의 찌는 더위에도 시원하기가 가을 같구나.

먼 산 푸르스름한 기운 짙고 엷은 형상 이루었고
비 갠 날 맑은 냇물 아름다운 풀 사이로 얕고 깊게 흐르는데
조각한 난간의 형상은 시 짓는 재료를 더해 주고
비단 방석에서 거문고 타며 읊는 시 나그네 근심 흩날리는구나.
벼슬하지만 은거하고 싶은 마음이라 좋은 경치 도리어 내 자신에게 부끄럽고
강호에 살기로 한 굳은 약속 모래 위 갈매기에게 부끄럽구나.

무신년(1728) 몹시 더운 날 부사 양정호(梁廷虎)가 쓰다

 【현판 2 - 11】

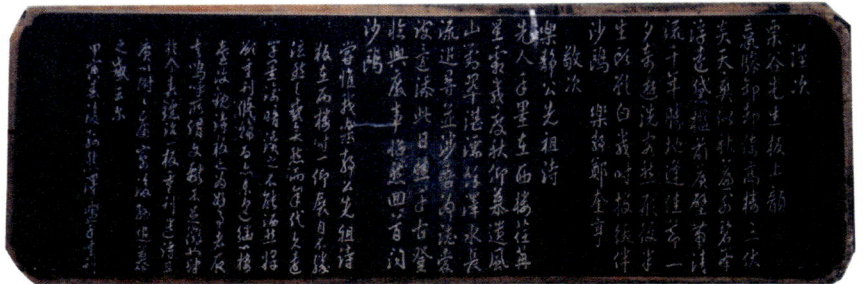

이 현판에는 낙정(樂靜) 정규형(鄭奎亨)이 율곡(栗谷) 이이(李珥)의 시를 차운(次韻)하여 쓴 시가 새겨져 있다. 또 낙정의 후손 정연택(鄭然澤)이 갑인년(甲寅年)에 낡은 낙정의 시판(詩板)을 새로 만들 때 그의 시를 차운하여 쓴 것으로 보이는 시와 글이 함께 새겨져 있다. 시와 글의 내용은 다음과 같다.

① 謹次栗谷先生板上韻(근차율곡선생판상운)

御却倚高樓(이참어각의고루)　　三伏炎天爽似秋(삼복염천상사추)
簾外碧峯浮遠黛(염외벽봉부원대)　檻前蒼壁帶淸流(함전창벽대청류)
千年勝地逢佳節(천년승지봉가절)　一夕奇遊洗客愁(일석기유세객수)
形役半生頭欲白(형역반생두욕백)　幾時投判伴沙鷗(기시투불반사구)
　　　　　　　　　　　　　　樂靜(낙정) 鄭奎亨(정규형)

삼가 율곡(栗谷) 선생이 쓴 판상(板上)의 시를 차운(次韻)하다

지친 마부 돌려보내고 높은 누각에 기대어 서니
삼복 더운 날씨에 시원함이 가을 같구나.

발 너머 푸른 산봉우리는 미인의 눈썹처럼 떠 있고
난간 앞 푸른 절벽에는 맑은 물 빙 둘러 있네.
천년 명승지에다 좋은 계절 만났으니
하루 저녁 특별한 놀이에 나그네 근심 사라지네.
마음고생 반평생에 머리가 백발이 되려 하니
어느 때 사직하고 모래 위 갈매기와 벗할까.

낙정(樂靜) 정규형(鄭奎亨)

② **敬次樂靜公先祖詩(경차낙정공선조시)**

先人手墨在西樓(선인수묵재서루)　　荏苒星霜幾度秋(임염성상기도추)
仰慕遺風山對翠(앙모유풍산대취)　　湛濡餘澤水長流(침유여택수장류)
追尋竝涉吾爲誌(추심병섭오위지)　　愛護還添此日愁(애호환첨차일수)
千古登臨興廢事(천고등림흥폐사)　　詔然回首問沙鷗(초연회수문사구)

삼가 낙정공(樂靜公) 선조의 시를 차운(次韻)하다

선조가 쓴 글씨 죽서루에 있으니
얼마나 많은 세월 흘렀는가.
남긴 명성 우러러 사모하니 산의 푸름 같고
남긴 은덕 깊이 입으니 길게 흐르는 물 같구나.
옛날을 회상하며 함께 교섭함을 내 마음에 새겨 두려는데
사랑하고 소중함이 다시 더해 가니 마음 아픈 오늘이구나.
먼 옛날 제왕들 정치의 흥망성쇠
슬피 머리 돌려 모래밭 갈매기에게 물어보노라.

嘗惟我樂靜公先祖詩板在西樓　時一仰展　自不勝泣然之感矣　然而年代久遠
字黑琥暗　讀之不能庚然　將欲重刊修飾　而亦未遑　繼以樓臺改觀　詩板亦爲好
事者所古　嗚呼　所謂文獻不足徵也　肆於今春　島治一板　重刊遺詩　且廣以附
之庸宗後孫追慕之云矣爾

甲寅春後孫然澤瀆手重刊

일찍이 나의 선조 낙정공(樂靜公)의 시판(詩板)이 죽서루에 있었는데 항상 우
러러볼 때마다 내 자신 눈물이 나오려는 느낌을 이길 수 없었다. 그러나 세월
이 너무 오래되어 글씨의 검은색이 변하여 보이지 않으니 읽어 봄에 마음이
개운치 못하였다. 이에 곧 다시 새겨 장식하려 하였으나 또한 미처 시간을 내
지 못하였다. 그 후 누각은 새롭게 수리하였지만 시판은 역시 호사가(好事家)
들에 의해 옛날 모습 그대로 두게 되었으니 슬프다. 그러나 '증명할 수 있는

문헌이 부족하다'라는 말도 있다. 이에 금년 봄에 판자 한 장을 구해 색을 내고 다듬어서 남기신 시를 다시 새겼으니, 한편으로 널리 보면 어리석은 종손의 추모하는 마음을 이렇게 나타내었을 뿐이다.

갑인년 봄에 후손 연택(然澤)이 손을 씻고 다시 새기다

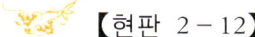

【현판 2 - 12】

이 현판에는 이승휴(李承休)가 안집사(安集使) 병부시랑(兵部侍郎) 진자사(陳子俟)와 함께 죽서루에 올랐다가 판상(板上)의 시를 차운(次韻)하여 쓴 시가 새겨져 있다. 이승휴는 1224년(고종 11)에 태어나 1300년(충렬왕 26)에 사망한 고려 말기의 학자 문인으로 가리(加利) 이씨의 시조이다. 자는 휴휴(休休)이고 호는 동안거사(動安居士)이다. 고려 고종 때 문과에 급제하여 천거로 서장관(書狀官)이 되어 원나라에 가서 문명(文名)을 떨쳤고, 돌아와 우사간(右司諫) 전중어사(殿中御史)를 지냈다. 한동안 벼슬을 떠나 외가인 현 삼척시 미로면 내미로리의 용안당(容安堂)에서 제왕운기(帝王韻紀)·내전록(內典錄)을 저술하였고, 대몽항쟁을 전개하기도 하였다. 충렬왕 24년(1298)에 다시 등용되어 판비서사(判秘書事)를 거쳐 밀직부사감찰대부사림승지(密直副使監察大夫詞林承旨)에 이르러 치사(致仕)하였다. 시의 내용은 다음과 같다.

陪安集使兵部陳侍郎(諱子俟)登眞珠府西樓次板上韻[배안집사병부진시랑(휘자사)등진주부서루차판상운]

半空金碧駕壤嶸(반공금벽가쟁영)　掩映雲端舞棟楹(엄영운단무동영)
斜倚翠岩看鵠擧(사의취암간곡거)　俯臨丹檻數魚行(부림단함수어행)
山圍平野圓成界(산위평야원성계)　縣爲高樓別有名(현위고루별유명)

便欲投簪聊送老(편욕투잠료송로)　庶將螢燭助君明(서장형촉조군명)

李承休(이승휴)

안집사(安集使) 병부시랑(兵部侍郎) 진자사(陳子俟)를 모시고 진주부(眞珠府) 서루(西樓)에 올라 판상(板上)의 시를 차운(次韻)하다

높은 하늘 고운 색채 높고 험준함을 더하는데
햇빛 가린 구름조각 용마루와 기둥에서 춤추는구나.
푸른 바위에 비스듬히 기대어 날아가는 고니 바라보고
붉은 난간 잡고 내려다보며 노니는 물고기 헤아려 보네.
산은 들판을 빙 둘러싸 둥그런 경계를 만들었는데
이 고을은 높은 누각 때문에 매우 유명해졌구나.
문득 벼슬 버리고 노년을 편안하게 보내고 싶지만
작은 힘이나마 보태 임금 현명해지기를 바라네.

李承休(이승휴)

【현판 2-13】

이 현판에는 심영경(沈英慶)이 죽서루 판상(板上)의 시를 차운(次韻)하여 쓴 시 한 편이 새겨져 있다. 심영경은 1875년(고종 12) 11월에 삼척부사로 왔다가 1876년 (고종 13) 12월에 가산 군수로 옮겨 갔다. 그는 재임 동안 유생 교육과 백성들의 세금 감면을 위해 노력하였다. 시의 내용은 다음과 같다.

次竹西樓板上韻(차죽서루판상운)

關東第一竹西樓(관동제일죽서루)　樓下溶溶碧玉流(누하용용벽옥류)
山靜鳥啼叢桂樹(산정조제총계수)　月明人語木蘭舟(월명인어목란주)
百年泉石如相待(백년천석여상대)　千古文章不盡遊(천고문장부진유)
采采瓊華生遠思(채채경화생원사)　白雲歸駕故掩留(백운귀가고엄류)

沈英慶(심영경)

죽서루에서 판상(板上)의 시를 차운(次韻)하다

관동에서 제일가는 누각 죽서루
누각 아래 푸른 물 도도히 흐르는구나.
산은 고요한데 우거진 계수나무 숲에서는 새소리 들리고
달은 밝은데 목란으로 만든 배에서는 사람들 이야기 소리 들려오네.
오랜 세월 물과 돌이 어우러져 만든 듯한 이 경치
천고(千古)의 문장으로도 다 표현할 수가 없구나.
무성한 아름다운 꽃들은 옛 추억 생각나게 하는데
떠가던 흰 구름 도리어 오래 머무르네.

심영경(沈英慶)

【현판 2 - 14】

이 현판에는 율곡(栗谷) 이이(李珥)가 죽서루에 있는 시를 차운(次韻)하여 쓴 시 한 편이 새겨져 있다. 글씨는 일중 (一中) 김충현(金忠顯)이 썼다. 이이는 1536년(중종 31)에 태어나 1584년(선조 17)에 사망한 조선 선조 때의 문신·학

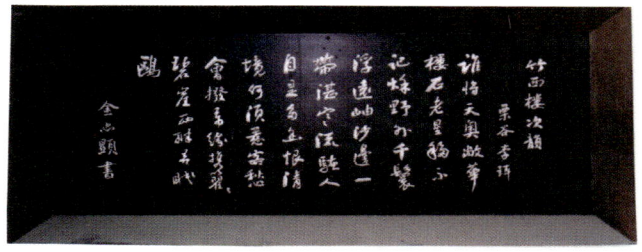

자이다. 아명은 현룡(見龍)이고, 자는 숙헌(叔獻), 호는 율곡(栗谷)·석담 (石潭)·우재(愚齋)라 하였다. 시호는 문성(文成)이고 본관은 덕수(德水)이 다. 명종 대에 문과에 급제하여 사가독서(賜暇讀書)를 한 후 좌랑(佐郎)· 지평(持平) 등을 역임하였다.

선조 원년(1568)에 천추사(千秋使)의 서장관(書狀官)으로 명나라에 다녀 왔고, 이어 부교리(副校理)로 춘추관기사관(春秋館記事官)을 겸하여 명종 실록 편찬에 참여하였으며, 병조참지(兵曹參知)·양관(兩館) 대제학(大提 學)·판서(判書)·우참찬(右參贊) 등을 지냈다. 동서분당(東西分黨)의 조 정을 위하여 힘썼고, 기호학파를 형성하여 이황(李滉)의 이기이원론(理氣 二元論)에 대하여 기발이승(氣發理乘)을 근본으로 이통기국설(理通氣局 說)을 주장하였다.

십만양병(十萬養兵)·서얼허통(庶孼許通) 및 대동법(大同法)과 사창(社 倉)의 실시 등 국정 개혁에 힘썼으며, 해동공자(海東孔子)라 불리었다. 문 묘(文廟)에 종사되고 선조의 묘정(廟廷)에 배향되었으며, 황주(黃州)의 백

록동서원(白鹿洞書院) 등에 봉향되었다. 저서에 율곡전서(栗谷全書)·성학집요(聖學輯要)·격몽요결(擊蒙要訣)·경연일기(經筵日記)·사서율곡언해(四書栗谷諺解) 등이 있다. 시의 내용은 다음과 같다.

竹西樓次韻(죽서루차운)

誰將天奧敞華樓(수장천오창화루)　石老星移不記秋(석로성이불기추)
野外千諾浮遠岫(야외천환부원수)　沙邊一帶湛寒流(사변일대잠한류)
騷人自是多幽恨(소인자시다유한)　淸境何須惹客愁(청경하수야객수)
會撥萬緣携繹繹(회발만연휴적적)　碧崖西畔弄眠鷗(벽애서반롱면구)

栗谷(율곡) 李珥(이이)

죽서루에서 시를 차운(次韻)하다

누가 하늘 도와 이 아름다운 누각을 세웠는가
그 지나온 세월 얼마인지 알 수가 없구나.
들판 저 멀리 산봉우리에는 검푸른 빛 서려 있고
모래사장 부근에는 차가운 물 고여 있네.
시인은 본래 남모르는 한이 많다지만
깨끗한 이곳에서 어찌 나그네의 근심을 일으켜야만 하리오.
온갖 인연 모두 떨쳐 버리고 긴 낚싯대 들고는
푸른 절벽 서쪽 물가에서 졸고 있는 갈매기와 놀아 보리.

율곡 이이

 **【현판 2－15】**

이 현판에는 1933년 8월부터 1937년 8월까지 삼척군수를 역임하였던 윤승로(尹昇老)가 1961년에 쓴 시 '죽서루(竹西樓)'가 새겨져 있다. 시의 내용은 다음과 같다.

題竹西樓(제죽서루)

頭陀山落起高樓(두타산락기고루)　樓下長江不盡流(누하장강부진류)
巖削二三層壁立(암삭이삼층벽립)　魚廻五十谷川游(어회오십곡천유)
誇今棟宇千年史(과금동우천년사)　懷舊文章七月舟(회구문장칠월주)

古來賢達逍遙地(고래현달소요지) 余亦當時百里憂(여역당시백리우)
檀紀四二九四年一月一日(단기사이구사년일월일일) 前郡守(전군수)
尹昇老(윤승로)

죽서루 시를 쓰다

두타산 뻗어 내린 자락에 높은 누각 우뚝 솟았는데
누각 아래 긴 강은 끊임없이 흘러가네.
깎아지른 충암절벽 솟아 있고
물고기는 쉰 구비 냇물 따라 놀고 있네.
지금 누각은 천년 역사 자랑하는데
옛 글들은 초가을 뱃놀이 생각나게 하네.
예로부터 현인(賢人) 달사(達士)가 놀던 곳인데
나는 그때 겨우 지방 다스릴 걱정만 하였구나.

단기 4294년 1월 1일 전 군수 윤승로(尹昇老)

 【현판 2 - 16】

이 현판은 송강(松江) 정철(鄭澈)의 시 '죽서루(竹西樓)'를 1992년 10월 9일에 일죽(一竹) 홍태의(洪泰義)가 서각(書刻)해 놓은 것이다. 정철은 1536년(중종 31)에 태어나 1593년(선조 26)에 사망한 조선 선조 때의 문신·문인이다. 자는 계함(季涵), 호는 송강(松江), 시호는 문청(文淸)이고 본관은 연일(延日)이다.

기대승(奇大升)·김인후(金麟厚)·양응정(梁應鼎)의 문인으로 명종 17년(1562)에 문과에 급제하여 직강(直講)·지평(持平) 등을 역임하고 사가독서(賜暇讀書)를 하였다. 선조 13년(1580)에 강원도 관찰사로 나가 관동별곡(關東別曲)과 훈민가(訓民歌) 16수를 지었다. 동왕 16년에 예조 참판이 되고, 형조·예조의 판서를 역임한 뒤 대사헌(大司憲)이 되었으나 동인(東人)의 논척(論斥)으로 사직하였다. 동왕 22년에 우의정에 발탁되어 정여립(鄭汝立)의 역옥(逆獄)을 다스리게 되자 서인(西人)으로서 동인들을 가혹하게 탄압하였고, 동왕 24년 광해군을 세자로 세울 것을 요청하였다가 선조의 노여움을 사 유배되었다. 임진왜란 때는 선조를 의주로 호종(扈從)하였고, 경기·충청·전라도 체찰사(體察使)를 지내고 동왕 25년에 사은사(謝恩使)로 명나라에 다녀왔다.

가사문학의 대가로 사미인곡(思美人曲)·속미인곡(續美人曲)·성산별곡(星山別曲)·장진주사(將進酒辭)와 시조 70여 수가 있다 창평의 송강서원(松江書院), 연일의 오천서원(烏川書院) 별사(別祠)에 봉향되었다. 저서에 송강집(松江集)·송강가사(松江歌辭)·송강별집추록유사(松江別集追錄遺詞)가 있다. 시의 내용은 다음과 같다.

竹西樓(죽서루)

關東仙界陟州樓(관동선계척주루)　　虛檻憑危夏亦秋(허함빙위하역추)
天上玉京隣北左(천상옥경인북좌)　　夢中銀潢聽西流(몽중은황청서류)
疎簾欲捲露華濕(소렴욕권로화습)　　一鳥不飛江色愁(일조불비강색수)
欄下孤舟將入海(난하고주장입해)　　釣竿應拂鬱陵鷗(조간응불울릉구)

松江(송강) 鄭澈(정철)

죽서루

관동에서 경치 좋기로 소문난 척주의 누각
커다란 난간에 위태롭게 기대서니 여름 또한 가을 같구나.
하늘나라 서울 옥경(玉京)은 북쪽 왼편에 이웃해 있어
마음을 가다듬으니 은하수 서쪽으로 흘러가는 소리 들리네.
성긴 발 걷으려 하니 빛나는 이슬 축축하고
한 마리 새조차 날지 않으니 강가의 경치 수심 가득하구나.
난간 아래 외로이 떠 있는 배 바다로 들려 하는데
낚싯대 울릉도 가는 갈매기 쫓아 휘두르네.

송강 정철

 【현판 2-17】

이 현판에는 중종 대 강원도 관찰사를 지낸 강징(姜徵)이 쓴 칠언율시 두 수가 새겨져 있다. 강징은 자가 언심(彦深)이고 본관은 진주로 문과에 급제하였다. 연산군 대에 경연관으로 8년간 재직하였으며, 승지로 재직중

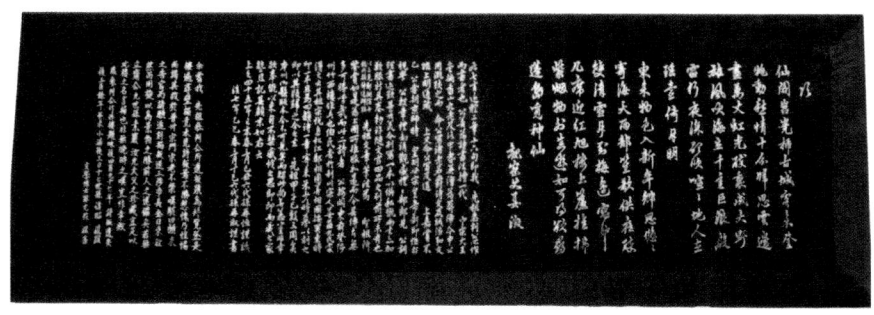

왕에게 수렵을 삼갈 것을 주청하였다가 낙안에 유배되었다. 중종반정 이후 형조·예조참판을 역임하였다. 글씨에 능하였다. 강원도 관찰사로 있을 때 삼척부의 주자가례(朱子家禮) 인출에 동참하였다. 현판의 시 내용은 다음과 같다.

① 次(차)

仙閣岧嶤挿古城(선각초요삽고성)　客來登眺動愁情(객래등조동수정)
十分歸思雲邊盡(십분귀사운변진)　萬丈虹光醉裏成(만장홍광취리성)
大野雄風吹海立(대야웅풍취해립)　千重巨浪殷雷行(천중거랑은뢰행)
夜深歌笑喧喧地(야심가소훤훤지)　人在搖臺倚月明(인재요대의월명)

차운(次韻)하다

신선누각 우뚝이 고성에 꽂혔는데
올라서 바라보니 마음이 쓸쓸하네.
완전히 돌아갈 생각 구름가에 다하고
만 길 무지갯빛은 취중에 이루어지네.
큰 들판 거센 바람 파도를 일게 하고
천 겹 큰 물결은 우레 소리를 내는구나.
깊은 밤 시끌벅적 노랫소리 들리는 곳
사람은 선경에 들어 명월에 의지했네.

②

東來物色入新年(동래물색입신년)　鄕思悠悠寄海天(향사유유기해천)
兩部笙歌供夜醉(양부생가공야취)　雙淸雪月到梅邊(쌍청설월도매변)

窓中免席迎紅旭(창중궤석영홍욱)　樓上簾旌拂紫烟(누상렴정불자연)
物外眞遊如可得(물외진유여가득)　欲尋蓬島覓神仙(욕심봉도멱신선)

동에 오자 모든 물색 새해에 들었는데
고향생각 아득하게 수평선에 부치도다.
성대한 노랫소리 밤 술자리에 제공되고
맑은 눈과 밝은 날은 매화기에 이르렀네.
창문 안 궤석에서 아침해를 맞이하니
죽서루 위 발과 깃발 안개를 털어내네.
세상 밖 신선놀이 할 수 있을 듯하니
봉래도로 신선을 찾아나 가 볼까.

오른쪽 칠언 근체시 두 수 16구는 나의 선조 참판공께서 짓고 쓰신 것이다. 공은 시를 잘하였으며 서법은 일대를 이름 날렸다. 중종대왕께서 일찍이 향산구로회와 낙중기영회의 그림을 따서 병풍을 만들고 신용개 공에게 발문을 짓도록 하고, 공에게 명하여 여러 노인들의 이름과 관작, 시문, 발어를 쓰도록 하였다. 홍문관에서 정호의 잠훈집을 올리자 장께서 또 공에게 베껴 쓰라고 명하였으며 공이 이를 써서 진상하자 상께서 기상해 마지않았다.

공이 경사에 입조하였을 때는 명나라 세종황제가 새로 즉위하여 시학을 할 참이었는데 공이 예부에 글을 올려 성대한 예식을 보고자 청하였다. 예부의 남관이 공의 문사의 조리와 필적을 보고 그 두 가지를 모두 갖추었음을 찬탄하고 따로 한 벌을 베끼게 하여 개인적으로 완상하였다. 상서 또한 탄복하면서 특별히 갖추어 위에 아뢰자 칙명으로 문관 4품의 반열에서 수행할 것을 허락하였다. 이 같은 일은 이전에는 없었다(이상은 호음 정사룡이 지은 신도비명에 보인다.).

선조의 문장과 필법은 임금의 조상께서 감상하신 바가 이와 같았으며 중국에서도 추복한 바도 이와 같았는데 지금은 그 전해 오는 것이 많지 않으니 한탄스러움을 금할 수 있겠는가! 그러나 이 두 시는 공이 관동관찰사 시절에 척주의 죽서루에 올라 지은 것이다.

형님께서 일찍이 이천에 사는 일가 익구 씨에게서 얻었다고 했는데 그의 조부 종열이 송강 정상국과 친하여 상국이 강원도관찰사를 지낼 때에 한 벌을 새기고 또 네 운에 따라 지은 시 한 수를 보내왔는데 내가 소시에 이것을 모사하여 새기고 그 판은 즉시 돌려보냈다. 지금은 선조의 시대에서 180년가량 지났는데 본래 척주에 걸려 있던 판본은 지금은 볼 수 없고, 다만 이것이 아직까지 잘 남아 있으니 어찌 다행한 일이 아니겠는가! 받들어 완상해 오면서 스스로 슬픈 마음을 금할 수 없어 곧바로 인각하여 가숙에 간직하게 하고 또한 그 전말을 적어 두는 것이다.

1719년 기해 봄 3월 기축일에 6대손 재항이 삼가 발문을 짓고 7년 뒤을사년 봄 3월 정사일에 6대손 재숙이 삼가 쓴다.

余嘗我先祖淙判公所遺板蹟爲拜覽登是樓遍尋壁楣竟未見詩板焉不勝憥愧乃惶
脂而謁其故于晋州宗門宗老不禁嘆駭曰顚末之告官而請願追刻揭板遂三陟市長
金日東欣然而周旋以爲景物之勝前人之述備矣苦無立齋公九世孫素巖汝元大父
之珍藏豈足以此樓之名言補也世非無晚時之嘆豈非幸歟歲參判公竹西樓題驚後
四百九十七年詩板遺失後三百餘年癸未小滿後三日十七世孫信昭 謹跋

文學博士 鄭亢敎 謹書

내가 일찍이 선조 참판공께서 남기신 판적을 배람하기 위해 죽서루에 올랐는데 걸려 있을 만한 곳을 두루 살폈으나 끝내 찾지 못했다. 부끄러운 마음을 이기지 못하고 이에 두려워 근심하면서 그 까닭을 문중에 아뢰자 문중 어른께서 탄식하고 놀라움을 금치 못하며 자초지종을 관청에 알리고 현판을 다시 새겨 걸 수 있도록 해 달라고 간청해 보라 하였다. 마침내 김일동 삼척시장께서 흔쾌히 받아들이면서 다시 새겨 걸 수 있도록 주선해 주었다.

경물이 뛰어나게 된 것은 앞의 사람들이 문장에 갖추어 놓았기 때문이다. 만약 입재공 9세손 소암 여원 대부의 고귀한 간직이 없었더라면 어찌 죽서루의 이름남을 덧보태었다고 말할 수 있겠는가! 때늦은 감 없지 않으나 어찌 다행한 일이 아닐 수 있으리오.

때는 참판공 죽서루 제영 후 497년이며 시판이 없어진 지 300여 년이 지난 계미년(2003) 소만이 3일 지난 뒤에 17세손 신조 삼가 발문을 짓고 문학박사 정항교 삼가 쓴다.

3) 기문(記文)을 쓴 현판

【현판 3 - 1】

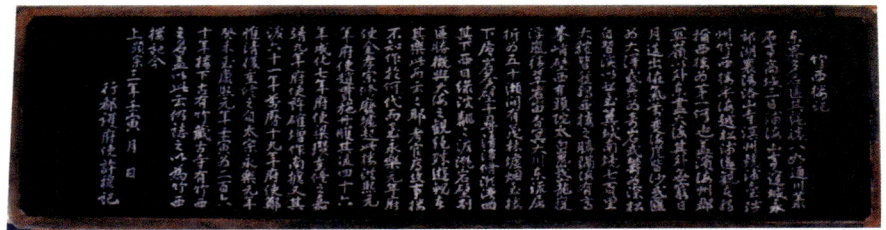

이 현판에는 허목(許穆)이 삼척부사로 있던 현종 3년(1662)에 쓴 <죽서루기(竹西樓記)>가 새겨져 있다. 그 내용은 다음과 같다.

竹西樓記

東界多名區 其絶勝八 如通川叢石亭 高城三日浦海山亭 鵠城永郎湖 襄陽洛山寺 溟州鏡浦臺 陟州竹西樓 平海越松浦 遊觀者 獨稱西樓爲第一何也 盖濱海州郡 關嶺以外 東盡大海 其外無窮 日月迭出 怪氣萬變 海岸皆沙 或匯爲大澤 或矗爲奇岩 或鬱爲深松 自習溪以北 至箕城南境七百里大體皆然 獨西樓之勝 隔海有高峯瞻壁 西有頭陀太白 嵬峨宛律浮嵐積翠 岩峀杳冥 大川東流 屈折爲五十瀨 間有茂林墟烟 至樓下 層岩蒼壁千尋 清潭修瀨 灣回其下 西日綠波 儀儀澹羚 岩壁別區 勝槪與大海之觀絶殊 遊觀者 其樂此而云云耶 考官府故事 樓不知作於何代 而至永樂元年 府使金孝宗 修廢墟起此樓 洪熙元年 府使趙貫 施丹綺 其後四十六年 成化七年 府使梁瓚 重修之 嘉靖九年 府使許確 增作南察 又其後六十一年 萬曆十九年 府使鄭惟清 復重修之 自太宗永樂元年癸未 至康熙元年壬寅 爲二百六十年 樓下古有竹藏古寺 有竹西之名 盖以此云 仍誌之以爲竹西樓記 今上顯宗三年壬寅 月 日

行都護府使許穆記

죽서루기

동계(東界)에는 경치가 뛰어난 곳이 많지만 그중에서도 가장 뛰어난 곳이 여덟 곳이 있으니 곧 통천의 총석정, 고성의 삼일포와 해산정, 수성(鵠城)[19]의 영랑호, 양양의 낙산사, 명주의 경포대, 척주의 죽서루, 평해의 월송포 등이다.

19) 지금의 강원도 고성군 간성읍 지역에 있던 간성군(杆城郡)을 말한다.
20) 지금의 강원도 통천군 흡곡면 지역에 있던 흡곡현(歙谷縣)을 말한다.

그런데 이러한 곳을 유람해 본 자들이 단연코 죽서루를 제일이라 하니 무엇 때문인가. 대개 바닷가의 주군(州郡)은 관령(關嶺)을 제외하면 동쪽으로 큰 바다에 닿아 있고, 그 바다 밖은 끝이 없으니 해와 달이 번갈아 뜨고 괴기(怪奇)의 변화가 무상하다. 또 해안은 모두 모래여서 혹 바닷물이 큰 못같이 선회하기도 하고 혹 기암이 우뚝 솟기도 하고 혹 무성한 소나무가 울창하게 우거져 있기도 하다. 습계(習溪)[20] 북쪽 지역으로부터 기성(箕城)[21]남쪽경계 지역까지 700리가 대체로 다 그러하지만 유독 죽서루의 아름다운 경치는 바다와 떨어져 있어 높은 산봉우리와 가파른 절벽이 있다.

서쪽에는 두타산과 태백산이 있으니 높고 험준하여 푸른 기운이 짙게 감돌고 바위로 된 골짜기는 그윽하고 어둑하다. 또 큰 하천이 동쪽으로 흐르면서 굽이쳐 50개의 여울을 이루는데 그 사이사이에는 무성한 숲과 마을이 자리 잡고 있으며, 죽서루 아래에 이르면 푸른 층암절벽이 매우 높이 솟아 있는데 맑고 깊은 소의 물이 여울을 이루어 그 절벽 아래를 감돌아 흐르니 서쪽으로 지는 햇빛에 푸른 물결이 돌에 부딪혀 반짝반짝 빛난다. 이처럼 암벽으로 된 색다른 이곳의 훌륭한 경치는 큰 바다를 구경하는 것과는 매우 다르다. 유람자들도 역시 이러한 경치를 좋아하여 죽서루가 제일이라고 하였던 것일까?

관부(官府)의 고사(故事)를 살펴보아도 죽서루를 어느 시대에 지었는지는 알 수 없지만, 영락(永樂) 원년(1403: 태종 3)에 부사 김효종(金孝宗)[22]이 폐허화된 옛터를 정비하여 이 죽서루를 건립하였고, 홍희(洪熙) 원년(1425: 세종 7)에 부사 조관(趙貫)[23]이 단청을 하였다. 그 46년 뒤인 성화(成化) 7년(1471: 성종 2)에 부사 양찬(梁瓚)[24]이 중수하였고, 가정(嘉靖) 9년(1530: 중종 25)에 부사 허확(許確)이 남쪽 처마를 덧대어 지었고, 또 그 61년 뒤인 만력(萬曆) 19년(1591: 선조 24)에 부사 정유청(鄭惟淸)[25]이 다시 중수하였다. 태종 대인 영락 원년(1403) 계미년(癸未年)부터 지금 강희(康熙) 원년(1662: 현종 3) 임인년(壬寅年)까지는 260년이나 된다.

죽서루 아래에는 옛날에 죽장사(竹藏寺)라는 오래된 절이 있었다. 이 누각이 죽서루라는 이름을 갖게 된 것도 대개 이 때문이라고 한다. 이에 기록하여 죽서루기(竹西樓記)로 한다.

현종 3년(1662) 임인년(壬寅年) 월 일 행도호부사 허목이 기문(記文)을 쓰다.

21) 경상북도 울진군 평해를 말한다.

22) 현판에는 김효종(金孝宗)으로 되어 있으나 김효손(金孝孫)이라야 맞다. 김효손은 1373년에 태어나 1429년에 세상을 떠났다. 본관은 의성(義城)이다. 태조 2년(1393)에 문과에 급제하여 사헌부 잡단(雜端)·장령(掌令)·집의(執義) 등을 지내고, 세종 즉위년(1418) 강상인(姜尙仁)·박습(朴習) 등이 병조의 일을 상왕(上王)인 태조에게 알리지 않아 일어난 옥사(獄事)에 연좌되어 진천(鎭川)에 유배되었다가 동왕 6년 방환(放還)되었다. 그 후 병조 참의(參議)·경기도 관찰사·대사헌 등을 지냈다. 그는 태종 2년(1402) 정월에 삼척부사로 왔다가 태종 4년(1404) 2월에 갔다.

23) 본관은 한양(漢陽)이다. 세종 13년(1431)에 종마관압사(種馬管押使)로 명나라에 갔다와서 집현전 교리(校理)를 거쳐 동왕 30년 중추원부사(中樞院副使)를 지냈고, 문종 즉위년(1450)에 사은사(謝恩使)로 이견기(李堅基)와 함께 갔다 왔다. 단종 3년(1455) 단종이 수양대군에게 양위하자 남해(南海)에 부처(付處)되었다가 세조 14년(1468)에 풀려나와 숭록대부(崇祿大夫)에 올랐으나 은퇴하여 양주의 서산(西山)에 은거하였다. 그는 세종 5년(1423) 7월에 삼척부사로 왔다가 세종 10년(1428) 2월에 갔다.

24) 양찬은 성종 원년(1470) 2월에 삼척부사로 왔다가 성종 3년(1472) 11월에 갔다. 그는 재임 동안 화재가 난 연근당(燕謹堂)을 고쳐 짓기도 하였다.

25) 정유청은 선조 22년(1589) 9월에 삼척부사로 왔다가 선조 24년(1591) 7월에 사체(辭遞)되어 갔다. 그는 선조 23년(1590)에 삼척에서 처음으로 둑신묘(纛神廟)를 세웠다.

 【현판 3-2】

이 현판에는 1921년에 죽서루를 중수할 때 이학규(李鶴圭)가 지은 중수기(重修記)가 쓰여 있다. 이 중수기 내용은 다음과 같다.

竹西樓重修記

陟州之竹西樓 關東名樓也 古今之來游關東者 必先數八景 而此樓居八景之
一 非爲結構之壯輪奐之美而然也 盖因其地之勝 西樓之名 亦著也 乖崖金守
溫之記曰 北據大嶺 西臨巨川 川雲嶺月之間 其萬千之勝狀 警可推知也 樓
在千洙絶壁之上 俯臨五十川 水磧爲潭 徹底澄淸 游泳之魚 依欄而可數 狹
絶景也 樓之炷造年代 文獻無徵 未得其詳 而年深歲久 上雨傍風 遂成逐棟
敗椽 過者彷徨 州人咨嗟 李君範綺 熟鍊之才 被銓選之擧 出宰是郡贊任未
幾 百廢俱興 州之人士 告於李君曰 自明府下車之後 治成制定 百度修擧 而
惟玆竹西樓依舊壞敗 境於此時修繕而保存之 李君曰 保存勝蹟 雖知應行之
事 而現今民力不敷 遽興土木 非所當爲 況此州之擅名 以江山之勝狀也 江
山固自在 則一樓之興廢 何有也 州人士曰 玆樓之於玆州 猶人之有目 假使
西施之美 若無狗兮之目 其可謂之佳人乎 玆州而無玆樓 殆同西施之無目 大
爲江山之疵累 狹此民安無事之日 重修名樓 不亦可乎 李君 重違民情 乃許
之 於是 各鳩略干金 仍舊結構 加以修繕 不日而工告訖 巍然畫閣 臨于川上
江山動色 草木增彩 仍設白日場於斯樓 與多士觴詠而落之 馳走千里 要余爲
之記 余惟物之興廢 固有時也 此樓之壞敗 非一朝一夕 而今之州人士 前之
宰是州者 非一人 而夫所謂重修者 寥寥無聞矣 今李君與民相孚 能行前人未
能爲之事 而民情益呪 此樓之重新 似有待於今日矣 李君贊菊屬耳 能與民孚
非但此樓之重新 得見於今日 此州民風之重新 又當得見于他日也

歲白鷄陽正之月 上澣

洪陽 李鶴圭記

죽서루중수기

삼척 죽서루는 관동의 이름난 누각이다. 예나 지금이나 관동에 놀러 오는 사람들은 반드시 먼저 팔경(八景)을 거론하는데, 이 누각이 팔경의 하나로 들어간 것은 건물의 구조가 웅장하거나 아름답기 때문이 아니다. 대체로 누각이 위치한 지형의 아름다운 경치 때문에 죽서루의 명성도 또한 널리 알려진 것이다.

괴애(乖崖) 김수온(金守溫)이 쓴 기문(記文)에 이르기를 "북쪽으로는 큰 산봉우리에 의거하고 서쪽으로는 큰 시내를 마주 대하고 있다."고 하였으니, 시내 위에 떠 있는 구름과 산봉우리에 걸려 있는 달 사이에 그 수많은 아름다운 경치는 대체로 미루어 짐작할 수 있다. 누각이 아주 높은 절벽 위에 있어 오십천을 내려다보면 물이 돌아 나가면서 소를 이루는데 물속까지 보일 정도로 맑고 깨끗하여 헤엄치는 물고기를 난간에 기대어 서서도 헤아릴 수 있으니 매우 아름다운 경치이다.

누각을 창건한 연대는 찾아볼 문헌이 없어 상세히 알 수 없지만, 세월이 오래되다 보니 지붕은 비를 맞고 벽은 바람을 받아 결국 마룻대가 부러지고 서까래가 썩게 되어 지나가는 나그네들은 방황하고 고을 주민들은 탄식해 왔다. 그런데 이군(李君) 범기(範綺)가 숙련된 재주로 관리 선발 시험에 합격하고는 삼척군 군수로 왔는데, 부임한 지 얼마 지나지 않아서 쇠퇴한 것이 모두 다시 흥성해졌다. 이에 고을 인사들이 이군(李君)에게 이야기하기를 "군수님이 부임한 후로부터 정치가 이루어지고 법도가 바로잡혀 온갖 제도가 나아져 훌륭하게 되었습니다만 오직 이 죽서루만 옛날 모습 그대로 무너져 허물어진 채로 있으니 어찌 지금 수리하여 보존하지 않습니까?"라고 하였다.

그러자 이군(李君)이 말하기를 "훌륭한 고적을 보존하는 것이 비록 당연히 해야 할 일인 것은 알지만 지금 백성들의 힘이 미치지 못하는데 갑자기 토목공사를 일으키는 것은 마땅히 해야 할 일이 아니다. 하물며 이 고을이 크게 이름이 난 것은 강산의 뛰어난 경치 때문이다. 강산이 본래 모습 그대로 있으니 한 누각의 흥폐(興廢)가 무슨 문제가 있겠는가."라고 하였다.

이에 고을 인사들이 말하기를 "이 고을에 이 누각이 있는 것은 사람에게 눈이 있는 것과 같습니다. 가령 서시(西施)와 같은 미인이라도 만약

흘겨보는 아름다운 눈이 없다면 또한 미인이라고 할 수 있겠습니까. 이 고을에 이 누각이 없다면 서시(西施)가 눈이 없는 것과 거의 같아 강산에 크게 흠이 될 것입니다. 이렇게 백성들이 편안하고 아무 일이 없는 날을 틈타서 이 이름난 누각을 중수하는 것이 또한 옳지 않겠습니까?"라고 하였다. 그러자 이군(李君)이 거듭 민심과 어긋난다고 하면서도 마침내 허락하였다.

이에 각각 약간씩의 돈을 모아 옛 모습대로 건물을 짓고는 게다가 수리까지 하였는데 며칠 안 되어 완공하였다. 우뚝 높이 솟은 아름다운 누각이 냇가에 자리 잡고 있으니 강산의 경치가 변한 것 같고 초목의 빛깔이 더욱 짙어진 것 같았다. 이에 이 누각에서 백일장을 열어 많은 선비들과 더불어 술을 마시고 시가를 읊으면서 준공식을 거행하였는데, 천리를 달려와 나에게 기문(記文)을 써 줄 것을 요청하였다. 나는 만물의 흥폐(興廢)는 진실로 때가 있다고 생각한다. 이 누각이 무너져 허물어진 것은 근래에 있은 것이 아니고 또 지금 고을의 인사와 이전에 이 고을 지방관을 지낸 자가 많은데도 중수(重修) 이야기는 조금도 들어 보지 못하였다.

지금 이군(李君)이 백성들과 더불어 서로 믿고서는 이전의 사람들이 할 수 없었던 일을 할 수 있어서 민심이 더욱더 희망적이 되었으니, 이 누각의 중수는 오늘을 기다린 것 같다. 이군(李君)의 지위는 겨우 하급 관리일 뿐이다. 그런데도 백성들에게 믿음을 주었으니 단지 이 누각의 중수를 오늘에 볼 수 있을 뿐만 아니라 이 고을 백성들의 습속이 거듭 새로워짐을 또한 마땅히 후일에 볼 수 있을 것이다.

신유년(1921) 4월 상순

홍양(洪陽) 이학규(李鶴圭)가 쓰다.

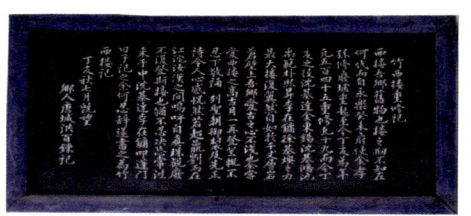

 【현판 3-3】

이 현판에는 1947년에 죽서루를 중수할 때 홍백련(洪百鍊)이 지은 중수기(重修記)가 쓰여 있다. 중수기의 내용은 다음과 같다.

竹西樓重修記

西樓 吾鄕舊物也 樓之炾 不知在何代 而自永樂癸未府使金孝孫修廢墟重起

至今丁亥 爲年凡五百四十五 重修凡十九 而今丁亥之役 沈基達金東錫 沈基
鴻池禹範朴熙昇李在鏞徐基煥之力最大　樓復翼然自如於千丈層岩蒼壁上　吾
鄉愛古之心 不淺也 余嘗愛西樓之高古 月一再登登 輒不忍下 敬誦列聖朝御
製及先正詩 令人心感拉然 若超磈劉而在江芷汝漢之間 嗚呼 自眞珠觀廢 不
復登斯樓也 猶不忍決忘 常往來于中 沈基達李在鏞 叩蓬門曰 子記之 余何忍
辭 遂書之爲竹西樓記

丁亥秋七月旣望
鄉人唐城洪百鍊記

죽서루중수기

죽서루는 우리 고을의 오래된 건물이다. 누각의 창건이 어느 시대에 이루어졌는지는 알 수 없지만, 영락 계미년(癸未年)에 부사 김효손(金孝孫)이 황폐화된 옛터를 정비하여 다시 건립한 이후 지금 정해년(丁亥年)까지 무릇 545년이나 되었다. 그동안 중수한 것이 총 19번인데, 금년 정해년의 중수 공사는 심기달(沈基達)·김동석(金東錫)·심기홍(沈基鴻)·지우범(池禹範)·박희승(朴熙昇)·이재용(李在鏞)·서기환(徐基煥) 등의 노력이 가장 컸다.

누각이 다시 날아갈 듯이 높고 푸른 층암절벽 위에 옛 모습 그대로 솟았으니 우리 고을이 고적을 사랑하는 마음이 얕지 않다. 내가 항상 죽서루의 고상한 옛 풍취를 좋아하여 달마다 한두 번 올랐는데 번번이 차마 내려가지 못하여 역대 임금들이 지은 시와 선현(先賢)들이 지은 시를 공경하여 읽으면 사람의 마음에 황홀감을 느끼도록 만드니 마치 시대를 뛰어넘어 장강(長江)·타강(芷江)·여수(汝水)·한수(漢水) 사이에 있는 것 같았다.

아! 슬프다. 진주관(眞珠觀)이 허물어진 이후로는 다시 이 누각에 오르려 하지 않았다. 그런데도 여전히 차마 결코 잊지 못하여 항상 누각에 왕래하였었는데, 심기달(沈基達)과 이재용(李在鏞)이 나의 집을 찾아와 말하기를 "자네가 기문(記文)을 쓰게."라고 하니 내 어찌 차마 거절하겠는가. 이에 마침내 죽서루기(竹西樓記)를 썼다.

정해년(1947) 가을 7월 16일
향인(鄉人) 당성(唐城) 홍백련(洪百鍊)이 쓰다.

 【현판 3 - 4】

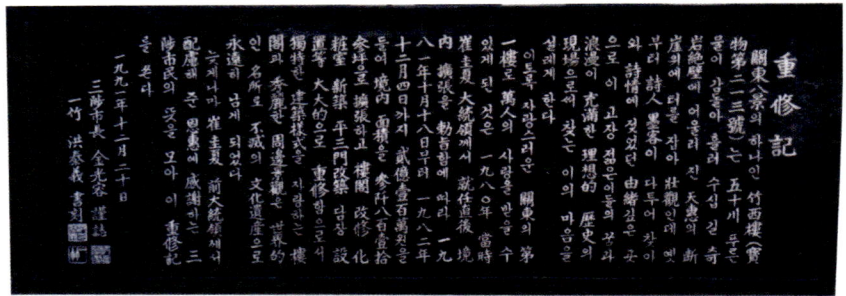

이 현판은 1991년에 당시 삼척시장이었던 김광용(金光容)이 지은 죽서루 중수기(重修記)를 일죽(一竹) 홍태의(洪泰義)가 서각(書刻)한 것이다. 김광용이 이 중수기를 쓴 것은 1981년 10월 18일부터 1982년 12월 14일까지 약 1년간 벌어졌던 대대적인 죽서루 중수를 실질적으로 가능하도록 도와준 당시 최규하(崔圭夏) 대통령의 배려에 감사하는 삼척 시민의 뜻을 나타내기 위해서였다. 중수기 내용은 다음과 같다.

중수기(重修記)

관동팔경의 하나인 죽서루(보물 제213호)는 오십천 푸른 물이 감돌아 흘러 수십 길 기암절벽에 어울려진 천혜의 단애(斷崖) 위에 터를 잡아 장관인데 예부터 시인 묵객이 다투어 찾아와 시정(詩情)에 젖었던 유서 깊은 곳으로 이 고장 젊은이들의 꿈과 낭만이 충만한 이상적 역사의 현장으로서 찾는 이의 마음을 설레게 한다.

이토록 자랑스러운 관동의 제1루로 만인의 랑스을 받을 수 있게 된 것은 1980년 당시 최규하 대통령께서 취임 직후 경내 확장을 칙지(勅旨)함에 따라 1981년 10월 18일부터 1982년 12월 4일까지 2억 1백만 원을 들여 경내 면록 자3,813평으로 확장하고 누각 개수, 화장실 신축, 평삼문(平三門) 개축, 담장 설13등 대대적으로 중수함으로써 독특한 건축양식여 잽스러운 누각과 수려한 주변경관은 세계적인 명소로 불멸의 문화유산으로 영원히 남게 되었다.

늦게나마 최규하 전 대통령께서 배려해 준 은혜에 감사하는 삼척 시민
의 뜻을 모아 이 중수기를 쓴다.

1991년 12월 20일

삼척시장 김광용(金光容) 근지(謹誌)

4) 기타의 현판

【현판 4 - 1】

이 현판에는 1971년 죽서루 중건 시 홍종범(洪鍾凡)이 지은 상량문(上
樑文)이 쓰여 있다. 그 상량문 내용은 다음과 같다.

竹西樓重建上樑文

興替有數 聿覩百尺華構重建之辰 平陂無關 固知千層岩壁自在之地 溪山依
舊 風景如新 竊惟三陟西樓 九郡南阜 金使君修廢墟重起 寔在永樂元年 李
居士次板韻尚傳 盖自勝國中葉 屏鳳凰高坮 而隔滄海之觀 自成一家 依葛夜
古城 而案頭陀之雄 遠照三面 浮嵐積翠 岩峀杳冥 名勝無爭 膾炙聞三千里
群湍有力 屈折爲五十川 脩瀨灣回 綠波鳶羚 鳥時行而白沙成篆 魚或躍而碧
浪破紋 雲漢逈昭 回於紗籠 烟霞幷品題於玉軸 四境無事 太守風流古寺有傳
竹藏鐘磬 庾樓夕月 晨閣朝雲 雖在官衙城頭 如入蓬萊島上 然且有形而立
焉能無年而長 夫何降雨之澇 往在白狗之祀 鄕父老胥爲嗟惜 國道郡競乃玎
相 肆諏吉辰重營土圭之定 一仍舊貫 僉同堂構之謀 杞梓橋樟乃斧乃鉅 檲憾
靴礎 奚碌奚磨 不日告工 如子來父 今兹衆人眼前突兀 實自徐侯心上 經營
助擧 虹梁式騰燕賀
抛梁東 鳳凰臺屹碧天東 自成一局元由此 桑海風波籠隔東抛梁南 三樂亭墟

草沒南 昔日鄉人兄弟會 洽如晉阮北而南抛梁西 頭陀雄相遠臨西 凝然如涉
石船坐 應是爾時來自西抛梁北 古城葛夜鎭堅北 一時崔相遷移 略侵掠憂 深
蒙古北抛梁上 十二欄干碧落上 仙笛吉然 群鶴舞謠 民耕鼇渾忘上抛梁下 長
川五十始灣下 銀刀玉尺 浮苞穩 爰得所哉魚樂下伏願上梁之後 海波不起 溪
山永清 四野農歌繼擊壤之餘韻一聲絃誦
保鄒魯之遺風

唐城洪鍾凡 製

檀紀四千三百四年辛亥四月二十六日巳時上樑

죽서루중건상량문

흥망성쇠는 정해진 운명이 있다. 이에 높고 화려한 구조를 가진 누각을 중건하는 날을 보게 되었지만, 누각의 온전함과 기울어짐에 관계없이 층암절벽이 제멋대로 기이하게 우뚝 솟아 있는 곳이라 시내와 산은 옛 모습 그대로이지만 경치는 새로워진 것 같음을 새삼 알겠다. 생각건대 삼척의 죽서루는 아홉 개 군(郡) 가운데 남쪽에 있는 높고 큰 누각으로서 김부사[26]가 황폐화된 옛터를 손질하여 다시 세운 것은 확실히 영락(永樂) 원년(1403)의 일이었고, 이 거사(居士)[27]가 현판의 시를 차운(次韻)하여 지은 시가 아직도 전해오고 있으니 대체로 고려 중엽부터 있었던 것 같다.

병풍처럼 둘러서 있는 높은 봉황대와 저만치 멀리 떨어져 있는 바다를 바라보는 경관은 원래 매우 아름답고, 뒤쪽의 갈야산 옛 성과 마주 보이는 두타산의 웅장함은 저 멀리 세 방향에서 빛나는데 푸른 기운이 짙게 서려 있어 바위로 된 골짜기가 그윽하고 어둡다. 이에 아름다운 경치로는 겨룰 곳이 없다는 평판이 사람들의 입에 오르내려 전국에 알려졌다.

여러 세찬 급류가 굽이치면서 오십천을 이루고는 여울을 만들며 굽이굽이 돌아 흐르는데 푸른 물결은 번쩍번쩍 빛나고, 새들은 때때로 거닐면서 흰모래 위에 전서체(篆書體)의 글자 모양을 만들고, 물고기는 간혹 뛰어올라 푸른 물결의 무늬를 흩뜨리고 있다. 은하수가 저 멀리 밝게 빛나니 사롱(紗籠)[28]에 둘러싸인 것 같고 연기와 노을은 아름다운 두루마리에다 품평(品評)하는 것 같다.

온 고을이 무사태평하면 태수가 풍류를 즐겼는데 옛 절에서는 전해오는 죽장사(竹藏寺)의 종소리와 경쇠소리가 들리고, 유루(庾樓)[29]에서 보는

26) 삼척부사를 지낸 김효손(金孝孫)을 말한다. 그는 1402년(태종 2) 정월에 삼척부사로 왔다가 1404년(태종 4) 2월에 갔다.

27) 이승휴(李承休)를 말한다.

28) 얇은 명주를 바른 등롱(燈籠)이다.

29) 중국 강서성 구강현에 있는 양자강을 등진 누각으로 유공루(庾公樓)라고도 한다. 진(晋)나라 유양(庾亮)이 정서장군(征西將軍)이 되어 무창에 있을 때 세웠다고 한다.

30) 중국 강서성 남창부 신건현에 있는 누각으로 당(唐) 고조(高祖)의 아들 원영(元嬰)이 세웠다.

것과 같은 저녁달이 떠오르고, 등왕각(呻王閣)30)에서 보는 것과 같은 아침 구름이 피어오르니 비록 몸은 관아의 성 부근에 있으나 봉래도(蓬萊島)에 들어간 것 같았다.

그러나 형체를 가지고 서 있는 것이 어찌 무한정 오래갈 수 있겠는가. 지난번 흰 개를 잡아 제사를 지내던 날 약간 내린 비에 무너져 내려 고을의 어른들이 모두 탄식하며 애석하게 여겼는데, 국도(國道) 변의 여러 군(郡)들이 곧 다투어 보조해 주었다. 이에 좋은 날을 택하여 중건을 시작하되 오로지 옛 모습대로 할 것을 물었더니 모두가 옛 모습 그대로 수리하는 계획에 찬성하였으므로 좋은 목재를 마련하여 자르기도 하고 깎기도 하고, 벽돌과 주춧돌을 깨기도 하고 갈기도 하여 며칠 만에 완공하였는데 백성들이 자진해서 공사에 참여하여 도왔다.

지금 이렇게 많은 사람들의 눈앞에 우뚝 높이 솟을 수 있었던 것은 사실 서 군수의 마음에서 비롯되었으니 공사를 함에 도와서 거들어 주었고, 들보를 올리는 의식에서는 축하의 글을 써 전해 주었다.

동쪽 들보를 올리니 봉황대(鳳凰臺)가 푸른 하늘 동쪽에 우뚝 솟았구나. 그곳이 스스로 하나의 형세를 이룬 것은 본래 이것 때문이니 상전벽해(桑田碧海)의 풍파가 동쪽으로 보이지 않게 멀리 떨어져 있네.

남쪽 들보를 올리니 삼락정(三樂亭) 옛터의 풀이 모두 남쪽으로 향하여 누웠구나. 옛날 고을 사람들과 형제들의 모임에서 화목함이 남북으로 나뉘어 살던 진(晋)나라 완씨(阮氏) 집안31) 같았네.

서쪽 들보를 올리니 두타산의 웅장한 모습이 멀리 서쪽에 마주 보이는구나. 그 견고함이 석선(石船)이 자리 잡고 있는 것 같으니 마땅히 그 옛날 서쪽에서 왔을 것 같네.

북쪽 들보를 올리니 옛 성이 있는 갈야산이 북쪽에 진산(鎭山)으로서 굳게 서 있구나. 잠시 최 재상(宰相)32)이 수도를 강화도로 옮겨 침략의 근심을 줄이고 몽고를 북쪽으로 멀리 물러나게 하였네.

위쪽 들보를 올리니 열두 난간이 푸른 하늘에 떠 있구나. 신선의 피리 소리 들리니 여러 학들이 춤추고 노래하는데 백성들은 농사일에 정신이 없네.

아래쪽 들보를 올리니 긴 하천 오십천이 굽이돌아 아래로 흐르기 시작

31) 완함(阮咸)과 완적(阮籍)은 길 남쪽에 살고, 완씨(阮氏)의 다른 일족(一族)은 길 북쪽에 거주한 것을 말한다.
32) 고려시대 몽고의 침략을 당하였을 때 수도를 강화도로 옮긴 최이(崔怡)를 말하는 것으로 보인다.

하는구나. 은도(銀刀)[33]・옥척(玉尺)이 떠올랐다 가라앉았다 함이 평온하니 여기에서 물고기가 즐기기에 알맞은 장소를 얻었네.

바라건대 들보를 올린 후로는 바다에 파도가 일지 말고, 시내와 산이 영원히 맑아지고, 온 들녘에서 농부들이 계속 격양가(擊壤歌)[34]를 부르고, 오로지 거문고 타고 시 읊는 소리만이 울려 퍼져 공맹(孔孟)의 학문을 지켜 가도록 해 주소서.

당성(唐城) 홍종범(洪鍾凡) 지음

단기 4304년(1971) 신해년(辛亥年) 4월 26일 사시(巳時) 상량(上樑)

【현판 4 - 2】

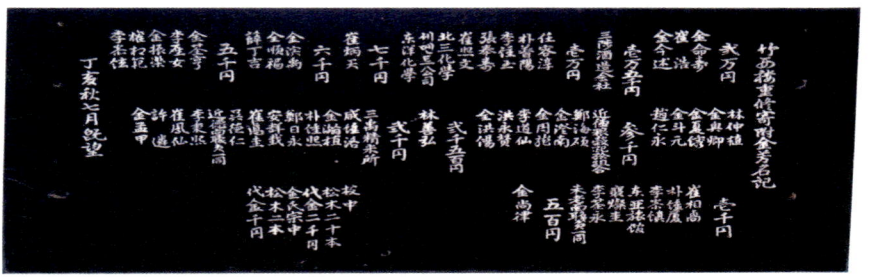

이 현판에는 1947년 죽서루 중수 시 기부금을 낸 인물・회사 및 단체의 이름과 기부금 액수를 기록한 '죽서루중수기부금방명기(竹西樓重修寄附金芳名記)'를 써 놓았다. 기부금 내역을 보면 다음 표와 같다.

기부금 액수 (원)	기부 건수			기부금 총액 (원)
	개 인	회 사	단 체	
20,000	3			60,000
15,000		1		15,000
10,000	5	3		80,000
7,000	1			7,000
6,000	3			18,000
5,000	10			50,000
3,000	6		1	21,000
2,500	1			2,500
1,000	5	1	2	8,000
500	1			500
합계	46		5	290,000

위 표에서 보면 개인 46명, 회사 6곳, 단체 5곳에서 총 290,000원의 기부금이 들어왔음을 알 수 있다. 그리고 이들은 500원부터 많게는 20,000원까지 기부하였음을 알 수 있다. 이 가운데 교중(校中)에서 기부한 2,000원은 송목(松木) 20본(本) 대신으로 낸 것이고, 김씨 종중(宗中)에서 기부한 1,000원은 송목 2본 대신으로 낸 것이다.

5) 현판에 나타난 죽서루 주위 풍경

누각은 건물 자체로서의 의미보다는 장소에 더 큰 가치를 두어 주위 환경과 함께 함을 더 중시한다. 즉 누각에서 가장 중요시한 것은 건물이 아니라 누마루에 기대어 서서 주변을 조용히 둘러볼 때 느낄 수 있는 눈맛 바로 그것이었다. 따라서 누각은 보통 주위의 자연환경이 수려하고 트인 장소에 세워졌고, 또 누각에 오르는 사람들도 하늘과 땅, 물 그리고 수목과 함께 자연인이 되어 그 풍광의 시원한 눈맛을 즐기고 나아가 마음을 비우는 과정을 즐겼다.

이 점은 죽서루도 예외는 아니어서 과거 죽서루에 오르내렸던 수많은 사람들은 건물 자체의 웅장함이나 역사성보다는 누각 주위의 아름다운 풍경에서 느낄 수 있는 시원한 눈맛을 즐겼다. 이에 죽서루는 관동팔경의 하나로 꼽혔고, 특히 관동팔경을 유람해 본 유람객들에 의해 관동팔경 가운데 제일경이라는 찬사를 얻을 만큼 아름다운 주위 경관을 가지고 있었다. 그러면 죽서루를 찾았던 많은 유람객들은 죽서루의 어떤 풍경에 시원한 눈맛을 느껴 그렇게 찬사를 보냈을까. 수많은 시인·문사들이 죽서루의 아름다운 풍경에 대한 자신들의 시각적 이미지를 표현해 놓은 글들을 통해 살펴보자.

먼저 죽서루를 찾았던 시인·문사들은 날아갈듯 한 백 척 누각이 자리 잡고 있는 푸른 이끼 낀 층암절벽과 그 주위에 높고 낮게 둘러서 있는 깎아지른 듯한 기암절벽을 칭찬하였다. 여기다가 누각을 둘러싸고 있는 대나무를 포함한 다양한 나무들의 우거진 숲, 무성한 잡초와 그 꽃들, 비

갠 후 대나무 숲에서 피어오르는 안개 그리고 숲 속에서 들려오는 새소리 등도 죽서루를 찾은 유람객들의 눈맛·코맛을 더해 주는 아름다운 정경들이었다. 특히 죽서루는 난간에 기대어 서서 그 밑을 흐르는 오십천을 내려다보면 마치 공중에 떠 있는 느낌이 들 정도로 높은 절벽 위에 우뚝 솟아 있어 유람객들은 이구동성으로 그 시원함을 노래하였다. 그들은 죽서루에 오르면 시원하여 여름에도 가을 같은 기분이 든다고 하였다.

또 죽서루에 올랐던 시인·문사들은 누각에서 바라보이는 원근의 산경(山景)에 찬사를 보냈다. 죽서루에서 바라보면 멀리 서쪽으로는 두타산·태백산 등을 품은 높고 험준한 태백준령이 한 폭의 병풍처럼 펼쳐져 있고, 가까이로는 근산·갈야산·봉황산 등이 좌우로 옹기종기 자리 잡고 있다. 이러한 산경(山景)을 바라보는 것은 마치 삼신산(三神山)의 선계(仙界)를 정원으로 끌어안은 듯하여 유람객들에게 한층 더 시원한 눈맛을 더해 주었다. 특히 유람객들은 높고 험준한 산봉우리들에 서린 검푸른 기운과 그윽하고 어둑하게 보이는 산골짜기 풍경을 크게 칭찬하였다. 여기다가 저녁이면 저 멀리 산봉우리에 걸려 있는 조각달도 죽서루 풍경의 아름다움을 더해 주는 하나의 요소였다.

또 유람객들은 오십 굽이나 굽이쳐 흘러온 오십천이 죽서루 밑 절벽에 부딪혀 만들어 놓은 맑고 깨끗한 응벽담(凝碧潭)을 누각에서 내려다보는 것을 매우 좋아하였다. 그들은 난간에 기대어 서서 물속을 헤엄치며 노니는 물고기들을 헤아렸고, 수면에 드리운 구름과 달그림자를 감상하였다. 또 물가에 펼쳐져 있는 흰모래와 자갈밭에 수시로 날아드는 백구(白鷗)를 바라보며 자연과 더불어 평화롭게 살 것을 다짐하기도 하였고, 석양에 빛나는 푸른 물결을 바라보며 잠깐 수심에 젖어들기도 하였고, 자갈에 부딪치는 여울물 소리에 귀를 기울이기도 하였다. 이러한 죽서루의 아름다운 풍경들을 유람객들은 즐겼고 가슴에 진한 감동으로 담아 갔던 것이다.

이뿐만 아니라 죽서루에 올랐던 시인·문사들은 난간에 기대어 서면 바라보이는 산들이 빙 둘러싼 들판과 연기 피어오르는 냇가 마을들, 빨래하는 아낙네들, 물 위에 놓인 외나무다리 등 누각 주위의 지극히 평범하고 일상적인 정경들까지도 의미를 부여하여 노래하기도 하였다. 이러한 죽서루 부근의 평범하고 일상적인 장면들이 연출하는 풍경을 특별히 죽서루 팔경이라 하였는데, 많은 시인들이 그 아름다움을 노래하여 <죽서루 팔영(八詠)>이란 시로 남겼으니 그 풍경의 뛰어남도 가히 짐작이 간다. 아마 죽서루가 위치한 뛰어난 장소 때문에 지극히 평범하고 일상적인 모습도 유람객들에게는 눈맛을 시원하게 해 주는 아름다운 정경으로 다가왔던 모양이다.

이 죽서루 팔경이란 곧 죽장고사(竹藏古寺: 오래된 절 죽장사)·암공청담(嚴控淸潭: 절벽 밑의 푸른 웅벽담)·의산촌사(依山村舍: 산비탈의 초가집들)·와수목교(臥水木矯: 물 위에 놓여 있는 나무다리)·우배목동(牛背牧童: 소 타고 가는 목동)·농두엽부(壟頭饁婦: 밭머리 새참 내가는 아낙네)·임류수어(臨流數魚: 물가에서 물고기 헤아리기)·隔墻呼僧(격장호승: 담 너머 스님 부르기) 등을 말한다. 고려 후기와 조선 초기의 인물인 안축(安軸)·이곡(李穀)·이달충(李達衷)·서거정(徐居正)·성현(成俔) 등이 이 죽서루 팔경을 노래한 시 <죽서루 팔영>이 전해오는 것을 보면 벌써 고려 후기에도 죽서루 팔경의 아름다움이 시인·문사들의 입에 오르내렸음을 알 수 있다.

이처럼 죽서루를 찾았던 수많은 시인·문사들은 누각이 자리 잡고 있는 기암절벽과 멀리 혹은 가까이 바라보이는 아름다운 산경(山景), 누각 밑을 흘러가는 오십천이 만들어 놓은 웅벽담, 그리고 누각 주변에 보이는 지극히 평범하고 일상적인 정경들이 어우러져 만들어 내는 절경의 파노라마를 좋아하였던 것이다. 특히 유람객들은 이러한 죽서루의 절경이 바다와 떨어져 있다는 점을 높이 평가하였다. 관동팔경 가운데 칠경(七景)은 모두 바닷가에 있거나 바다가 바라보이는 곳에 위치하고 있지만 죽서루만은 예외로 동쪽으로 산을 넘어야만 바다를 바라볼 수 있는 곳에 위치하고 있다. 따라서 관동팔경을 유람하는 자들은 이러한 죽서루만의 색다른 경관에 찬사를 보내고 즐겼다. 아마 유람객들은 죽서루에 올라 그동안 관동팔경의 똑같은 바다를 구경하느라 피곤해진 눈이 시원해지고 또 바다 냄새에 찌든 코가 상쾌해지는 기분을 느꼈을 것이다.

따라서 죽서루에 올라 누각 주변의 아름다운 풍경을 바라보며 홀로 휴식을 취하며 마음을 가다듬으려는 자들에게는 청한(淸閑)한 분위기에 자신이 신선이 된 듯한 기분이 들었을 것이고, 노래하며 춤추는 미인을 대동하고 앉아 거문고를 타며 즐기는 풍류객들에게는 흥이 저절로 일어났을 것이다.

또 무더운 여름날 여럿이 모여 앉아 정치적·사회적인 문제를 놓고 열띤 토론을 벌이거나 정다운 이야기꽃을 피우는 자들은 시원한 분위기에 시간 가는 줄 몰랐을 것이고, 시인들은 저절로 우러나는 시상(詩想)에 못 이겨 저마다 시를 읊고 문사(文士)들은 다투어 글을 지었을 것이다. 많은 유람객들이 왜 죽서루를 관동팔경 가운데 제일경이라 하였던지 미루어 짐작할 수 있다. 그러나 죽서루의 아름다운 풍경에 대한 수많은 시인·문사들의 찬사가 지금은 한갓 그 먼 옛날의 낭만으로만 들리는 것 같으니 왠지 씁쓰레한 기분을 떨칠 수 없다.

3장 죽서루 주변 유적

35) 안길정, 《관아를 통해 본 조선시대 생활사》상, 사계 절출판사, 2000, 29~38쪽

1) 조선시대 관아건물[35]

대개의 경우 관아는 풍수설상의 내맥인 산줄기를 따라 내려온 진산을 등지고 그 기슭에 남면하여 자리 잡았다. 삼척의 경우 갈야산이 진산이 되며, 그 산을 등지고 관아건물들이 배치되었다. 수많은 외침을 겪으면서 관아시설을 유사시 방어에 유리하도록 성을 쌓았는데 이를 읍성(邑城)이라 한다. 전쟁이 나면 주민 모두 이 읍성 안으로 모여 항쟁할 수 있는 구조이다. 읍성에는 관아를 중심으로 하여 대개 T자형 도로가 건설되었으며, 길을 따라 시장, 향교, 사직단, 민가 등이 들어섰다. 관아는 도시계획상 좌표의 기준점이었고, 그 중에서도 객사는 다른 건물의 위치나 거리를 나타낼 때 기준점이 되었다. 삼척에도 "삼척읍성"이 있었고, 지금은 그 흔적을 찾기가 힘든 상황이지만 죽서루 경내에 표석을 세워 족적을 남기고 있다.

관아에는 여러 채의 건물이 있었다. 수령의 정청인 동헌, 국왕의 위패를 모셔 둔 객사, 고을 양반들의 대표자 격인 좌수와 별감이 있는 향청, 아전들의 근무처인 질청, 기생과 노비들의 관노청, 그리고 군사에 관한 사무를 관장하고 무기를 보관하는 군기청 등이 관아 공간을 차지했다. 관아 안에서 저마다 독자적 영역을 차지하고 있는 각 건물은 조선시대의 사회구성을 이룬 신분들과 정확하게 일치한다.

관아 안의 모든 건물은 그 곳에 근무하는 신분의 정치적 지위를 고려하여 설계되었으며 각 건물 중에서 특히 중요성을 갖는 것은 객사와 동헌이었고, 이 두 건물은 다른 건물들과 다르게 담으로 둘러쳐져 독립된 영역으로 분리하였다.

관아 안의 공간은 크게 세 구역으로 구분된다. 각 구역을 가르는 구획

선은 진입축을 따라 차례로 설치된 세 개의 문, 즉 홍살문·외삼문·내삼문이 된다. 각 건물은 크게 세 부분으로 무리지어 형성되었는데, 가장 깊숙한 곳에는 수령의 사적 영역인 내아가 자리했다. 내아와 동헌은 대개 내삼문 안쪽에, 질청을 비롯한 주요시설은 외삼문에서 내삼문에 걸치는 구역에 자리 잡았다. 가장 바깥쪽은 읍성의 남문이다.

읍성과 관아를 살필 때 주목할 점은 각 신분의 거주지이다. 지방의 경우 수령의 거처는 관아 안에 있었고, 육방관속을 비롯한 아전들은 주로 성 안에 거주했다. 양반들은 같은 성바지들로 족단(집성촌)을 이루어 노비와 하인들을 데리고 들 밖에 거주했으며, 일반 양인들은 성 안팎에 두루 퍼져 살았다.

읍성의 북쪽에는 진산을 따라 사직단이, 서쪽에는 서낭당이, 남쪽에는 수구(水口=屍柩)문과 숲(수=藪, 비보숲)이 배치되었으며, 읍성과 마을은 자연지세와 섬세한 조화 속에서 절묘한 생태공원을 형성하였다. 삼척의 경우 진산인 갈야산의 줄기가 내려오는 곳인 원당동 현대아파트 자리에 사직단이 있었고, 읍치 서낭당은 지금의 천주교 성내성당 자리에 있었다.

2) 죽서루 주변 유적

조선시대 삼척은 도호부의 부사(정3품), 향교의 교수(종6품), 강릉에서 경북 평해까지 동해안의 15개 역참을 관장했던 교통행정기관인 평릉도(平陵道)의 찰방(察訪: 정6품), 동해안의 9개 군과 울릉도의 치안을 담당했던 삼척포진의 영장(營將: 정3품의 무관) 등 많은 행정기관과 관원들이 배속되어 영동 지역에서는 최대 규모의 지방행정조직을 갖춘 곳이었다.

도호부의 사무는 부사의 보조기관인 호장(戶長) 이하 6방(房)의 이속(吏屬)들에 의해 분담되었고, 이러한 이속들을 아전(衙前)이라 하였으며 대개 그 지역주민들을 기용하였다. 6방의 분장사무는 다음과 같다.

이방(吏房): 인사(人事), 비서, 기타 서무에 관한 사항
호방(戶房): 호구(戶口), 공부(貢賦), 전보(田報) 기타 재정사무
예방(禮房): 의례(儀禮), 제사(祭祀), 학교 등에 관한 사무
병방(兵房): 군정(軍政)에 관한 사무
형방(刑房): 법률 소송 등에 관한 사항
공방(工房): 공장(工匠) 영선(營繕) 등에 관한 사무

부사의 군사·경찰권의 보좌역으로 군교(軍校: 군관, 포교)가 있었는데 이들의 신분은 아전의 아래 직이었다.

군교의 하위직으로 흡예(隷) 문졸(門卒) 일수(日守: 심부름하는 직책) 나장(羅將: 죄인 문초 전담직) 군노(軍奴) 등으로 일컬어지던 사령(使令)이 있었다. 이 외에도 통인(通印)이라 일컫는 급사직과 급창(及唱), 고직(庫直), 방자(房子) 등의 관노(官奴)와 기생 수급(水汲: 급수 전담) 등의 관비가 있었다.

부사의 자문기관으로 군아(軍衙: 郡廳)에 향소(鄕所: 후에 향청이라 함)를 설치하여 덕망 있는 토착민의 유력인사를 향임(鄕任)으로 임명하여 향리의 악폐를 방지하고 풍속교정과 정령(政令) 전달 외에 군현의 하부조직인 면(面)의 도윤(都尹: 면장) 추천권까지 부여하였다. 향소는 수령 다음가는 관아(官衙)라 하여 일명 이아(貳衙)라 했으며, 향소의 장은 좌수(座首)라 했다.

도호부의 하부조직으로는 면(面) 또는 사(社), 방(坊)이 있고, 그 밑에 동(洞), 리(里), 촌(村)이 있었다. 동, 리 밑에는 최말단 조직인 매 5호(戶)를 한 개 통(統)으로 하는 오가통(五家統)제도가 있었다.

이처럼 삼척도호부의 행정조직이 오늘날 못지않게 체계적이고 세분화되었으므로 자연히 동헌이 있던 죽서루 주변에는 많은 관아의 부속건물들이 자리 잡고 있었다.

편의상 2009년 6월 30일 현재의 상태를 기준으로 죽서루 경내 유적과 경외 유적으로 구분하여 소개한다.

(1) 경내 유적

① 진주관(眞珠觀)

진주관은 조선시대 삼척부의 객사(客舍)였다. 객사는 국왕을 상징하는 위패, 즉 전패(殿牌)와 궐패(闕牌)를 모시는 곳이며 아울러 국왕의 명령으로 지방에 내려온 관리들이 묵는 곳이다. 이처럼 객사는 국왕의 친정(親政)을 상징하는 건물이므로 수령의 집무청인 동헌(東軒)보다 격이 높은 읍의 중심 건물이었다. 객사는 관아 시설 중에서도 규모가 제일 크고 화려하였으며, 동헌에서 가까운 전망이 제일 좋은 곳에 자리 잡았는데 고을의 주산을 등지고 남쪽을 바라보도록 하였다.

객사 건물은 전청(殿廳)과 그 좌우의 익헌(翼軒)으로 이루어졌는데, 세 개의 지붕을 가진 세 채의 독립적인 집을 일렬로 맞붙여 놓은 형태였다. 단 가운데 전청의 지붕은 솟을대문처럼 좌우의 익헌 지붕보다 한 단 높게 치솟은 모양이었다. 가운데의 전청에는 전·궐패를 모셨고, 그 좌우의 익헌에는 연회를 위한 공간인 대청(大廳)과 잠을 잘 수 있는 방이 있었다. 이러한 객사는 담장으로 둘러 다른 영역과 구분하였으며, 입구에는 전용문인 홍살문을 세웠다.

삼척부의 객사는 원래 죽서루 아래쪽에 있었는데 1517년(중종 12)에 부사 남순종(南順宗)이 북쪽(현 삼척문화원 자리)으로 옮겨 짓고는 진주관이라 하였다. 그 이후의 진주관 중수 내역을 살펴보면 아래와 같다.

1559년(명종 14)	부사 김광진(金光軫)이 개와(改瓦)함.
1582년(선조 15)	부사 노기(盧麒)가 단청을 함.
1601년(선조 34)	부사 신경희(申景禧)가 수선(修繕)함.
1615년(광해군 7)	부사 김존경(金存敬)이 전대청(殿大廳)·동상방(東上房)을 중창함.
1649년(인조 27)	중대청(中大廳) 화재 소실, 부사 박길응(朴吉應)이 중건함.
1662년(현종 3)	부사 허목(許穆)이 제액(題額)함.
1678년(숙종 4)	부사 이달의(李達意)가 중대청(中大廳)을 중수함.
1738년(영조 14)	부사 이보욱(李普昱)이 중창(重創)함.
1772년(영조 48)	부사 서각수(徐覺修)가 대문을 만듦.

1786년(정조 10)	부사 서탁수(徐琢修)가 중건함.
1789년(정조 13)	부사 김성규(金聖規)가 단청을 함.
1830년(순조 30)	부사 이광도(李廣度)가 개와(改瓦)함.
1870년(고종 7)	부사 서증보(徐曾輔)가 단청을 하고 척주관(陟州館)으로 고침.
1888년(고종 25)	부사 정대무(丁大懋)가 중수함.
1898년	군수 이구영(李龜榮)이 중수함.
1908년	군(郡) 청사로 사용함.
1911년	전패(殿牌)와 궐패(闕牌)를 강원 도청으로 봉환함.
1912년	군수 심의승(沈宜昇)이 대문을 훼철(毁撤)함.
1934년	건물을 헐고 군 청사를 신축함.

현재 진주관 터는 대부분 죽서루 경내 광장으로 사용되고 있고, 군청으로 사용되던 건물 일부는 현재 삼척문화원과 삼척예총에서 사용하고 있다.

② 응벽헌(凝碧軒)

응벽헌은 진주관의 서헌(西軒)이었다. 진주관에는 상·중·하 세 개의 서헌이 있었고, 그 가운데 상서헌(上西軒)을 응벽헌이라 하였다. 이 응벽헌은 1518년(중종 13)에 부사 남순종(南順宗)이 창건하였으며 위치는 죽서루 북쪽 암벽 위였다. 처음에는 당호(堂號)가 없다가 1536년(중종 31)에 관찰사 윤풍형(尹豊亨)이 응벽헌이라는 이름을 붙였다.

그 후 1601년(선조 34)에 부사 신경희(申景禧)가 남쪽 처마를 개작(改作)하였고, 1620년(광해군 12)에는 부사 이여검(李汝儉)이 중수하였으며, 1662년(현종 3)에는 부사 허목(許穆)이 그의 독특한 서체인 고문(古文)으로 제액(題額)하였다. 또 1708년(숙종 34)에는 부사 홍만기(洪萬紀)가 중창하였고, 1737년(영조 13)에는 부사 이보욱(李普昱)이 중수하였으며, 1769년(영조 45)에는 부사 이민보(李敏輔)가 단청을 하였고, 1786년(정조 10)에는 부사 서탁수(徐琢修)가 중수하였다. 그러나 응벽헌은 1908년에 훼철(毁撤)되고 말았다.

이 응벽헌은 주위의 죽서루·연근당보다 장대하고 화려하였는데 서쪽 모퉁이에는 바위 절벽을 따라 난 돌길이 있었으며, 바위틈에는 창포가 많이 자랐고 물새들이 항상 날아들었다고 한다. 삼척부사를 지낸 신광한(申光漢)이 1520년(중종 15)에 응벽헌의 사계절을 노래한 시 <서헌사시(西

軒四時)>와 <진주헌기(眞珠軒記)>가 남아 있다. 또 허목이 1662년(현종 3)에 쓴 <응벽헌제액기(凝碧軒題額記)>도 남아 있다. 참고로 신광한의 <진주헌기> 일부와 허목의 <응벽헌제액기>를 소개하면 아래와 같다.

<진주헌기(眞珠軒記)>

…… 평소 서울에 살면서 오랫동안 산수(山水)의 경치를 구경해 보고 싶다는 생각을 가지고 있었다. 그런데 항상 사람들과 더불어 산수에 대해 이야기할 적마다 많은 사람들이 영동 지방의 산수가 가장 좋다고 하였는데, 그중에서도 죽서루가 첫 번째를 차지하였다. 이에 일찍이 한 번 죽서루를 구경하여 나의 생각을 넓히고 싶었는데…… 정덕(正德) 15년(중종 15: 1520) 봄 정월에 늙으신 부모님을 편하게 모시겠다는 핑계로 지방관에 임명되기를 힘써 갈구하여 역사 깊은 삼척부의 부사가 되었다. 죽서루는 바로 이 삼척부에 있다. …… 부임한 날 정사(政事)가 끝나자 다른 일은 다 제쳐두고 가장 먼저 죽서루를 찾았다. 죽서루는 읍성 서쪽 붉게 빛나는 절벽 위에 있었는데, 절벽이 곧 성을 이루고 있었고 그 아래는 깊은 소로서 오십천이 합류하는 곳이었다.

검푸른 두타산과 험준한 태백산의 구렁이 수백 리 이어져 뻗어 내려오다가 강가에 이르러 우뚝 끊어지며 멈추어 섰는데 이를 남산(南山)이라 하였다. 남산에는 반짝이는 모래와 흰 돌들이 찬연하여 시원한 느낌이 들었고, 뭉게뭉게 피어오르는 연기는 푸른빛을 가리고는 온갖 변화된 형상을 자유자재로 만들어 내니 마치 매우 아름다운 미인을 만난 것 같아 마음에 정말 좋았지만 가까이하여 즐길 수 없으니 인간 세상에 또한 이 누각이 존재하고 있음을 비로소 알았다.

이에 죽서루 안 사방을 이리저리 거닐다 보니 난간은 부러지고 검푸른 칠은 퇴색되어 잘 보이지 않았으며, 걸상은 더러워진 채 엎어져 있었는데 좌우의 손잡이는 사라지고 없었다. 이를 괴이하게 생각하여 물어보니, 시중드는 아이가 재빨리 나와 말하기를 "전 부사 남순종(南順宗)이 신관(新館)을 새로 지었는데, 그 수헌(水軒)이 이 죽서루보다 훨씬 아름답습니다. 이 때문에 죽서루에 올라와 구경하는 과객(過客)이 거의 없게 되었습니다."라고 하였다.

죽서루의 서쪽 변두리 절벽 수십 보는 선로(仙路)라고 불렀는데, 이 길을 따라가 마침내 수헌(水軒)에 오르니 건물의 향배(向背)는 죽서루와 같았지만 계단이 높고 용마루와 처마가 넓은 2층 기와집 누각이었다. 그 곁채의 부엌도 아주 새로웠는데 대체로 옛것은 모두 버리고 새로 만들었을 것 같다. 강산의 아름다움은 더하거나 뺀 것이 없는데도 관우(館宇)의 아름다움 때문에 강산이 또한 더 아름다워진 것 같다.

그러나 죽서루는 이미 영동 지방에서 산수가 아름다운 곳으로 이름이 났지만, 수헌(水軒) 건물은 이 죽서루보다 더 아름다우니 마땅히 그 아름다움을 노래하는 자가 많아야 할 텐데도 일찍이 이야기를 한 자가 없으니 어찌 이 건물의 불운이 아니겠는가. 지금 감사(監司) 홍경림(洪景霖)이 내가 수헌(水軒)의 아름다움을 시로 읊도록 권하였지만 처음에는 시를 쓸 겨를을 내지 못하였다. 그러나 바닷가라 사람 만날 일도 별로 없고 처리해야 할 공문서도 적어 여름, 가을, 겨울을 보내면서 이 수헌(水軒)에서 소요(逍遙)한 것이 오랜 시간이라 마치 나 혼자 그 수헌(水軒)의 요점을 깨달은 것 같았다. ……

<응벽헌제액기(凝碧軒題額記)>

응벽헌은 진주관(眞珠館)의 상서헌(上西軒)으로 죽서루 북쪽 암벽 위에 있는데 깊은 소와 마주 대하고 있으며 들보와 마룻대가 매우 장려(壯麗)하다. 그 서쪽 처마 아래에는 바위로 된 좁은 길이 나 있는데 돌계단이 놓여 있다. 정덕(正德) 연간에 부사 남순종(南順宗)이 이 응벽헌을 지었는데 관찰사 윤풍형(尹豊亨)이 응벽헌이라고 이름을 붙였다. 응벽헌에서 두타산을 바라보면 산봉우리에 나무들이 무성하고, 높은 절벽과 깊은 소는 모두 푸른빛이다.

그런데 응벽헌에는 편액이 걸려 있지 않고 다만 가정(嘉靖) 연간에 부사 신광한(申光漢)이 지은 응벽헌 사시사(四時詞)만 벽 위에 쓰여 있었다. 이에 내가 묵갈(墨葛)을 사용하여 헌명(軒名) 응벽헌(凝碧軒) 세 자를 대자(大字)로 써서 벽 위에다 걸었는데, 세 개의 판자에 쓴 글자의 획이 등나무와 칡같이 구불구불하였다. 이어서 "양천(陽川) 허목(許穆)이 쓰다."라고 썼으니 때는 임인년(壬寅年) 칠월이었다.

③ 연근당(燕謹堂)

연근당은 죽서루의 별관(別館)이었다. 죽서루 남쪽으로 돌 비탈길을 지나면 위치하였는데, 죽서루와 응벽헌보다는 오십천에서 멀리 떨어져 있었다 한다. 이 연근당은 1443년(세종 25)에 당시 부사였던 민소생(閔紹生)이 창건하였으며 규모는 7칸이었다. 그런데 이 연근당은 터가 낮고 건물이 구석진 곳에 위치하여 겨울에는 따뜻하고 여름에는 시원하였으므로 편안하게 지내기에는 적당한 곳이었다. 이에 한가히 지낼 때는 반드시 신중해야 한다는 뜻에서 연근당이라고 이름하였다 한다.

그러나 이 연근당은 1471년(성종 2)에 화재로 소실되어, 그 이듬해인 1472년(성종 3)에 부사 양찬(梁瓚)이 8칸으로 늘려 다시 건립하였다. 그 후 1574년(선조 7)에 부사 이창(李昌)이 중창을 시작하였으나 그의 임기 동안에 완공하지 못하고 갈려 갔으며, 1600년(선조 33)에는 부사 김권(金權)이 중수하였고, 1629년(인조 7)에는 부사 유시회(柳時會)가 중창하였다.

또 1646년(인조 24)에는 부사 심택(沈澤)이 중건하였고, 1715년(숙종 41)에는 부사 정호(鄭澔)가 중수하였으나 1755년(영조 31)에 무너졌다. 이에 1759년(영조 35)에 부사 홍명한(洪名漢)이 중건을 시작하였으나 완공을 보지 못한 채 동래 부사로 옮겨 가 다음 부사인 남태저(南泰著)가 1762년(영조 38) 3월에 중수를 끝내고 낙성연(落成宴)을 베풀었다. 이후 연근당의 중수 내역과 붕괴 시기는 알 수 없다. 괴애(乖崖) 김수온(金守溫)이 1472년에 쓴 <연근당기(燕謹堂記)>가 남아 있다. 그 내용을 소개하면 다음과 같다.

<연근당기(燕謹堂記)>

연근당은 삼척부 죽서루의 별관(別館)이다. 고(故) 부사 민소생이 창건하였는데 그해는 계해년(癸亥年)이었고 건물은 7칸이었다. 겨울에는 따뜻하고 여름에는 시원하여 삼척을 찾는 대소 관리들이 묵던 곳이다. 신묘년(辛卯年) 윤 9월에 불타 버려 다음 해 봄에 개축하여 8칸으로 늘려 짓고 10월 그믐에 비로소 준공하였다.

이때 고을 사람들이 모두 와서 모였는데 일어나서 태수(太守)에게 술잔

을 올린 자는 창사(倉使) 김자균(金子鈞)이었고, 술에 취하여 춤을 춘 자
는 장군(將軍) 함맹겸(咸孟謙)이었다. 또 술이 깨 시를 읊은 자는 교수(敎
授) 어경량(於敬良)이었고, 좌우의 사람들을 모시고 연회 자리를 이끌어
간 자는 전승(前丞) 박중명(朴仲明)이었다.

이 공사 초기에 감독을 맡은 자는 호장(戶長) 김생려(金生麗)와 김득강
(金得江)이었고 또 김규(金珪) 등 수십 명이 감독하였다. 당시 태수는 누
구냐 하면 성은 양(梁)이고 이름은 찬(瓚)이었다. 그 소문을 듣고 그 일을
기록한 자는 괴애자(乖崖子) 김문량(金文良)이다. 장차 채색을 하여 오래
도록 빛나게 하려고 하니 그는 태수 황(黃) 선생(先生)이다. 황 선생은 윤
원(允元)이 이름이다. 성화(成化) 8년(1472) 동지 후 7일에 쓰다.

④ 서별당(西別堂)

서별당은 1586(선조 19)에 당시 부사였던 강세윤(姜世胤)이 창건하였는
데, 연근당 아래쪽 관아 담장 옆에 있었다고 한다. 1661년(현종 1)에 부사
허목(許穆)이 중수한 사실은 확인할 수 있으나 그 외의 중수 내역은 알
수 없다. 다만 1788년에 부사 서탁수(徐琢修)가 쓴 죽서루 중수기(重修
記)에 연근당이 퇴락한 지 오래되었다고 한 것을 보면 당시 이미 제 기능
을 상실한 채 오랫동안 방치되어 왔음을 짐작할 수 있다. 허목이 1661년
에 중수할 때 쓴 <서별당중작기(西別堂重作記)>가 남아 있다. 그 내용
을 소개하면 다음과 같다.

<서별당중작기(西別堂重作記)>

현 임금 2년에 내가 삼척부사로 부임하였는데 삼척에서는 죽서루의 경
치를 칭하여 동계(東界)의 절경이라고 하였다. 그러나 누각이 매우 높아
올랐을 때에 풍기(風氣)가 매우 다르다는 것을 문득 깨닫게 되어 슬프게
도 고국을 떠난 느낌이 들었다.

이 죽서루 옆에는 황폐한 정원에 폐허가 된 별관(別館)이 있는데 서별
당(西別堂)이라고 하였다. 초목이 우거지고 건물은 무너져 놀 만한 곳이

못 되었으나 정원 수풀 속에는 괴석(怪石)이 많고 또 앞에는 낭떠러지가
마주 서 있는데 높은 절벽이 창연(蒼然)하여 그 아름다운 경치가 사랑할
만하였으니, 유자후(柳子厚)가 '깊숙하여 좋다'라고 한 바로 그곳이었다.
공사(公事)를 돌보다 한가한 틈이 있으면 날마다 그 사이에서 놀며 기쁘
게 그 경치를 즐겼다.

죽서루 경내에는 수백년 된 회화나무를 비롯 많은 종류의 수목들이 자라고 있다.

이에 서까래를 갈고 기둥을 바꾸어 모습을 바로잡도록 하였더니 며칠
동안 공사를 하여 건물이 완성되었는데 처마·난간·기둥·서까래 등이
옛날보다 사치스럽지 않았다. 또 정원(庭院)을 손질한 후에 무성한 잡초
를 잘라내니 아름다운 나무들이 늘어섰고 이끼 낀 층암절벽의 기이한 형
상이 다 드러났으니, 나무의 그림자와 무성한 나뭇잎은 달뜨는 저녁과 안
개 낀 아침에 더욱 좋았다.

매번 관아가 파하고 일이 없으면 항상 책을 읽었는데 싫증이 나면 거
문고를 타면서 놀았다. 그 거문고를 타는 것을 두고 명(銘)하기를 "거문고
소리는 매우 날카로우나 거칠지 아니하고, 한 번 차면 한 번 기우는 것은
천지의 조화이다. 아! 금(琴)은 금(禁)이니 진실로 사악함을 금할지어다."

라고 하였다.

⑤ 칠장방(漆匠房)

옻칠하는 칠장이들의 작업장으로 광해군 7년(1615) 부사 김존경(金存敬)이 진주관에 설치했는데 지금은 죽서루 경내 광장이 되었다.

⑥ 향서당(鄕序堂)

일명 향청(鄕廳)이라 하여 풍속교정과 향리규찰(鄕吏糾察) 등 수령을 보좌하는 자문기관이 있던 곳으로, 영조 45년(1769) 부사 서노수(徐魯修)가 중건하여 좌수(座首) 1명과 별감(別監) 3명을 두었다. 위치는 죽서루 경내 동남쪽에 있었다.

⑦ 용문(龍門)

탁본

죽서루 동쪽 옛 연근당 자리 가까이에 있는 바위문. 행초서로 용문[龍門]이라 새긴 음각이 남아 있으며, 바위 상부에 성혈유적이 있다. 용문바위 전설에는 죽서루 벼랑의 생성유래가 담겨 있다. 삼척 지역에는 후진(광진) 바다에 용두(龍頭)가 있고, 죽서루 옆 암벽에 용문(龍門)이 있으며, 근덕면 용화리에 용소(龍沼)가 있다. 전해오는 이야기에 의하면 삼국통일을 이룩한 신라 30대 문무왕(文武王)이 사후(死後)에 호국용이 되어 그 아들 신문왕이 아버지를 위해 지은 감은사(感恩寺)로 왕래할 때 용화리의 용소에서 나와 감은사로 왕래했다고 한다. 즉 신룡(神龍)이 태어난 곳이 용화리의 용소라는 것이다. 그리고 후진의 용두에서 용이 등천하여 죽서루의 바위를 뚫어 용문을 만들고, 오십천에 뛰어들어 백 일 동안 유유히 놀며 절벽을 아름답게 만들었다고 한다. 그리고 백 일이라는 기일이 다 지나자 용왕의 부름을 받아 용화리의 용소로 가서 용궁으로 들어갔다고 한다. 이 용문을 많이 드나들수록 재앙이 가셔지고 집안에 경사가 찾아든다 하여 지금도 많은 사람들이 찾아오고 있다(참고: 『내고장 강원도』 中, 강원도교육위원회, 1990).

⑧ 성혈(性穴)

성혈은 고대 암각화(巖刻畵)의 일종으로 죽서루 동쪽 용문바위 위에 새겨져 있다. 암각화는 바위나 큰 단애 혹은 동굴 내의 벽면에 물상(物像) 기호 성혈 등을 그리거나 새겨 놓은 것을 말하는데 용문바위 위의 암각화는 여성 생식기 모양의 구멍을 뚫어놓은 성혈암각이다.

우리나라에서 발견되는 성혈암각은 주로 청동기 시대의 것이 대부분인데 고려, 조선시대에까지 그 유습이 이어져 오는 특징을 지닌다.

성혈은 풍요와 생산을 의미하는 선사시대의 상징물이지만 조선시대에 와서는 민간신앙으로 정착되어 득남(得男)의 기원처로 변모하게 된다. 즉 칠월 칠석날 자정에 부녀자들이 성혈터를 찾아가서 일곱 구멍에 좁쌀을 담고 치성을 드린 후 좁쌀을 한지에 싸서 치마폭에 감추어 가면 아들을 낳는다고 믿는 민간신앙이다.

용문바위의 성혈은 크기가 직경 3~4cm, 깊이 2~3cm로 10개 만들어져 있다.

⑨ 삼척읍성지(크기 80cm×60cm×12cm)

세월이 흘러 성곽(城郭)은 허물어지고 초석만 남아 있기에
삼척치소(三陟治所)의 근원지(根源地)임을 후세에 전하고자
본성 서남쪽 죽서루 경내에 표석을 세운다.
1987년 6월 12일 삼척시장

삼척읍성(三陟邑城)은 삼척의 본성(本城)으로 성내동이 그 터전이다. 고려 정종(定宗) 2년(947) 성역을 정했고, 우왕 12년(1386)에 지군사겸만호 남은(南誾)이 토성(土城)으로 축조하였는데 둘레 1,444척, 높이 7척, 서쪽은 절벽으로 408척인데 쌓지 않았다.

그 후 조선 성종 20년(1489) 부사 조달생(趙達生)이 중축했고, 중종 5

년(1510) 관동장정(關東壯丁)을 동원하여 석성(石城)을 쌓았는데 삼면의 길이는 5,054척, 서쪽은 절벽이기에 쌓지 않았는데 그 길이가 431척이다.

⑩ 송강 정철 가사의 터 표석

문화부는 1991년 2월을 송강 정철의 달로 정하고 우리나라 가사문학에 커다란 업적을 남긴 송강 정철을 기념하는 표석을 2개소에 세웠다. 하나는 <관동별곡>에 나오는 관동 8경의 하나인 삼척 죽서루 경내이고, 다른 하나는 <성산별곡>의 무대인 전남 담양의 식영정 부근이다.

삼척과 담양에 세워진 '송강가사의 터' 표석은 종전의 일반적인 시비(詩碑)와는 달리 8각형의 장대표석과 8각형의 기단으로 이루어졌는데 기단 8각의 각 면마다 송강의 대표작과 친필, 수결, 세움말, 가사 창작의 배경을 담아 송강의 생애와 문학에 관한 미니박물관 구실을 하도록 되어 있다.

죽서루 경내 누각의 서쪽 공간에 세운 '송강 정철 가사의 터' 표석은 삼척에 동양시멘트 본 공장이 있는 동양그룹(회장 현재현)에서 지역사회 개발과 기업문화육성을 위해 건립비 전액을 희사했으며, 1991년 2월 28일 죽서루 경내에서 이어령 문화부장관과 김광용 삼척시장, 현재현 동양

그룹회장 등 관계인사와 문화계 인사들이 참석한 가운데 제막식을 개최했다. 높이 3m의 8각 대리석으로 기단 둘레가 2.4m인데 8면에 새겨진 내용은 다음과 같다.

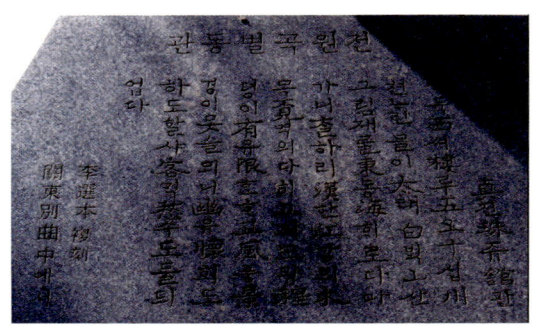

(좌 1면) 관동별곡(關東別曲) 원전(原典)

진眞쥬珠관館 죽竹서西루樓 오五십十천川 나린 물이
태太백百산山 그림자를 동東해海로 담아가니
차라리 한漢강江의 목木멱覓에 다하고자
왕王정程이 유有한限하고 풍風경景이 못슬믜니
유幽회懷도 하도할사 객客수愁도 둘 데 없다.
李選本復刻 關東別曲에서

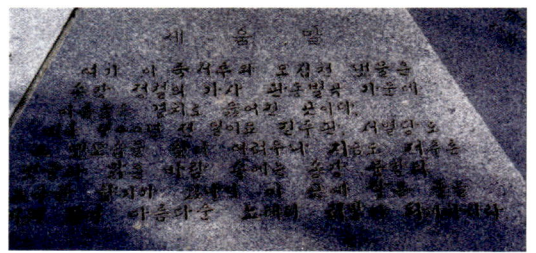

(좌 2면) 세운 말

여기 이 죽서루와 오십천 냇물은 송강 정철의 가사 관동별곡 가운데 이름 높은 경치가 읊어진 곳이다. 비록 400여 년 전 일이요, 진주관, 서별당도 그 옛 모습 찾기 어려우나 지금도 저 푸른 냇물과 맑은 바람 속에는 송강문학의 그윽한 향기가 있나니 이곳에 작은 돌을 세워 길이 아름다운 노래의 텃밭이 되게 하리라.

(좌 3면) 필적과 수결

(좌 4면) 죽서루 한시

竹西珠翠映江天	강하늘의 죽서루 천상누각 되어 비추고
上界仙音下界傳	하늘의 선녀소리 들리어 오건마는
江上數峯人不見	사람은 아니 뵈고 산봉우리만 강상에 있어
海雲飛盡月娟娟	바람 구름 다 지나가도 달빛만이 곱게 비추네

(우 1면) 가사풀이

진주관, 죽서루 오십천 내린 물이
태백산 그림자를 동해로 담아 가니
차라리 한강으로 향해 남산에 이르고져
관원의 발길은 한도가 있는데
경치를 보고봐도 싫증나지 아니하니
회포도 많고많아 나그네 시름 둘 데 없다

(우 2면) 가사배경

송강이 45세에 강원도 관찰사로 부임하여
가사문학의 대표작인 관동별곡을 지었다. 관동
제일루라고 호칭하는 죽서루는 태백산에서 발
원하여 50굽이나 흘러 동해로 흐른다는 오십
천 물이 응벽담을 이루는 절벽 위 죽림 속에
세워졌다. 이 누각의 북쪽으로는 삼척도호부의
객사인 진주관과 응벽헌이 있었고 남쪽으로는

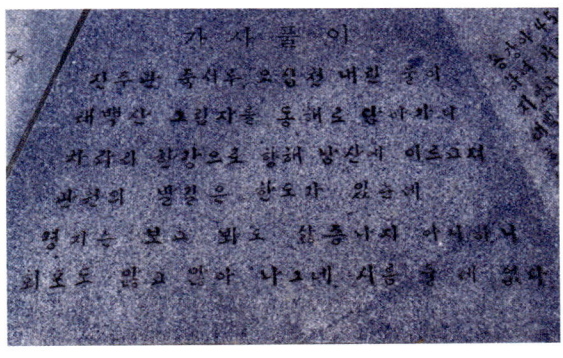

연근당, 서별당의 건물이 있었다.

(우 3면) 생애와 작품

조선조 중종 31년(1536)에 출생. 선조 26년 (1593)에 사망했으며 자는 계함(季涵), 시호는 문청(文淸)이다.

16세 때 전남 담양으로 옮겨 서예와 학문을 닦아 27세 때 문과에 장원하였으며, 45세에 강원도 관찰사로 부임하였다. 예조판서, 대사헌 등의 벼슬을 거쳐 선조 22년 우의정이 되고 이듬해 좌의정이 되었다. 관동별곡, 사미인곡, 속미인곡, 성산별곡, 장진주사 등 가사 5편과 단가 77수를 남겼다.

(우 4면) 세운 이

이 가사비는 문화부가 1991년 2월을 '송강 정철의 달'로 삼고 그 뜻을 기념하기 위하여 다음 분들의 도움을 받아 세운 것이다.

출연　동양그룹 회장 현재현

글씨　원주 김기승

설계　최만린

1991년 2월 28일

(2) 경외 유적

① 칠분당(七分堂)

부사가 공무를 보는 동헌(東軒)이라고 한다. 동헌(東軒)이라는 이름은 관아 안에서 모든 건물의 기준이 되는 객사의 동편(왼편)에 있기 때문에 붙여졌다고 하는데 정확하지는 않다. 동헌의 이름은 시정 지침을 가려뽑아 짓기 때문에 어느 지역이나 비슷했다. 주로 충군애민(忠君愛民)의 뜻을 담는데 '하늘의 뜻은 맑음으로 얻고 땅의 인심은 평안으로 얻는다'는 뜻의 <청령헌(淸寧軒)>, 백성을 사랑하여 가까이 대한다는 뜻의 <근민헌(近民軒)> 등의 당호가 많다. 칠분당(七分堂)이란 수령의 임무 일곱가지(七事)를 분명하게 처리한다는 의미이다. 삼척부 동헌의 이름은 칠분당이고 옛 이름은 매죽각(梅竹閣) 또는 역근당(易近堂)이라 하였다. 1908년 진주관으로 이전한 후 관사로 사용하여 오다가 건물이 노후하다는 이유로 1979년 헐어 없앴다. 위치는 죽서루 진입로와 38번 국도와의 분기점이며, 38번 국도 개설 시 도로부지에 일부 편입되고 현재는 남은 부지에 주춧돌을 재배치하여 소공원으로 조성하였다.

② 내아(內衙)

지방관청의 안채인 내동헌(內東軒)을 말하는데 동헌의 동편(38번 국도 부지 내)에 있었다.

③ 장관청(將官廳)

군교와 사령의 집회소로서 일명 장청(將廳)이라 했는데 영조 7년(1731) 부사 조익명(趙翼命)이 지었다. 38번 국도에서 죽서루로 진입하는 남쪽 인접지 옛 경찰서자리(삼흥장여관 앞)에 있었다.

④ 군관청(軍官廳)

죽서루 동쪽 옛 읍사무소터(경내의 삼척읍성터비와 죽서루 제1주차장 근처)에 있었다.

⑤ 좌기청(坐起廳)

이방(吏房)이 공무를 보던 곳으로 일명 정청(政廳)이라고도 했는데, 선조 36년(1603) 부사 안종록(安宗錄)이 중수한 것을 영조 21년(1745) 부사 서노수가 이를 다시 옛터에 이건하고, 고종 24년(1887) 부사 이순응(李純應)이 다시 중수했지만 지금은 흔적이 없다.

⑥ 부사(府司)

호장(戶長)이 공무를 보던 곳으로 동헌터 옆인 옛 삼척등기소 자리에 있었다. 명종 11년(1556) 불에 탔고, 선조 33년 또 불에 탔다. 정조 16년(1792) 부사 윤속이 작청(作廳) 옛터로 이전했는데 현재는 흔적이 없다.

⑦ 작청(作廳)

아전(衙前)들의 집회소로 일명 인리청(人吏廳) 질청(秩廳)이라고도 했다. 죽서루 동쪽(죽서루 제1주차장)에 있었는데, 정조 16년(1792) 부사 윤속(尹�)이 부사(府司)구처로 이건한 것을 광무 2년(1898) 부사 이구영(李龜榮)이 중건했으나 지금은 흔적이 없다.

⑧ 낭청방(郞廳房)

관아의 당하관(堂下官)이 거처하던 곳으로 38번 국도에서 죽서루로 갈라지는 옛 경찰서 자리(현재 삼흥장 모텔 앞)에 있었다.

⑨ 군기청(軍器廳)

무기를 취급하던 곳으로 삼장사 터에 있었다.

⑩ 뇌옥(牢獄)

죄인을 가두는 감방으로 죽서루 동남쪽 구 농협군지부 관사터(죽서루 제2주차장)에 있었다.

⑪ 보민청(補民廳)

세조 1년(1455) 8월에 수해로 인한 수재민을 구호하던 관청으로 죽서루 동쪽(죽서루 주차장 입구)에 있었다.

⑫ 경사제(敬思齊)

현종 2년(1661) 부사 허목이 건립하여 퇴청 후 매일 독서하던 곳으로 관아 북쪽에 있었다.

⑬ 기소(妓所)

삼척부 소속 관기들의 처소로서 연산군 10년(1504) 왕명에 의거 부사 정담(鄭潭)이 설치했다.

⑭ 처양장(처羊場)

관아에서 제사 때 쓰기 위한 흑양(黑羊)을 방목하던 곳으로 죽서루 건너편(성남리)에 있었다.

⑮ 사대(射臺)

남양동 버스터미널의 미륵바위에서 남산 끝, 즉 사직의 구 삼척의료원 사이에 넓은 모래사장이 있었는데 이곳을 사대광장이라 했으며 진주지(眞珠誌)에 의하면 옛날 이곳에 오동정(梧桐亭)이란 정자를 지어 놓고 무사들이 활을 쏘던 곳이라 하여 사대(射臺)라 했다 하며, 또한 삼척포진의 영장은 이곳에 연무정(鍊武亭)을 지어 놓고 진영의 군사를 훈련시키던 곳이라 하여 연무대라고도 불렸다. 그러나 이미 옛날에 폐지되어 1911년 당시 군수 심의승(沈宜昇)이 버드나무를 심었으며, 1970년대 정월대보름제가 부활되어 기줄다리기의 터전이 되기도 했으나 지금은 옛 자취를 찾을 수 없다.

⑯ 죽장사(竹藏寺)

신라 말 범일국사(梵日國師)가 죽서루 동쪽에 창건하여 죽장사라고 했다 한다. 이 절은 고려 말까지 죽서루 동편에 있었는데, 한때 관음사(觀音寺)로 불리다가 조선시대 죽서루 동쪽에 관아건물들이 들어서면서 없어진 것 같다. 죽서루 북쪽에 있는 삼장사(三藏寺)는 1925년 4월 25일 이우영(李愚榮)이 새로 지어 현재에 이른다.

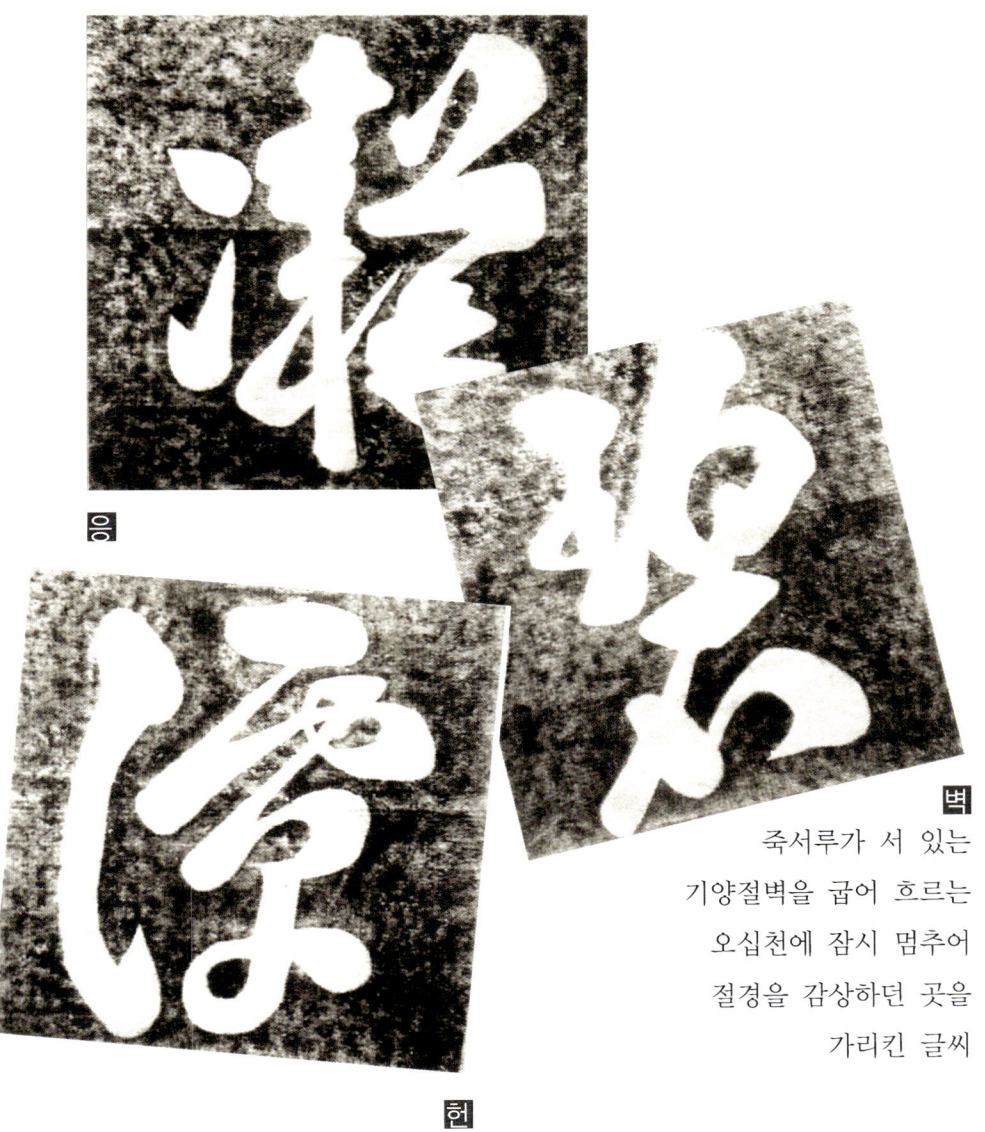

응

벽

헌

죽서루가 서 있는
기양절벽을 굽어 흐르는
오십천에 잠시 멈추어
절경을 감상하던 곳을
가리킨 글씨

4장

죽서루 관련 인물

1) '죽서루' 이름의 주인공 – 죽죽선녀

죽서루라는 이름이 생긴 유래는 두 가지 이야기가 전해오는데, 하나는 죽서루 동쪽에 대나무 밭이 있었고 그 대밭 속에 죽장사라는 절이 있어 '죽장사 서편에 있는 누각'이라 하여 죽서루라 부르게 되었다는 것과 다른 하나는 죽서루 동편에 죽죽선녀의 유희소가 있어 죽서루라 불렀다는 것이다.

지금까지 남아 있는 각종 사료에 의하면 첫 번째 이야기가 보다 사실적이라고 볼 수 있다. 그러나 '죽죽선녀의 집 서편에 있는 루'라고 해서 '죽서루'라고 했다는 이야기가 훨씬 인간적인 동기를 가지고 있는 것 같다. 관동의 경승지인 삼척 땅을 찾아온 많은 시인 묵객과 관리들은 아름답고 지혜롭고 청순했던 죽죽선녀를 마음에 두었다. 그녀의 곧은 정조는 대나무와 같았고, 그녀의 아름다운 자태는 선녀 같았기에 세속의 이름마저 죽죽선녀로 바뀌었다. 그리하여 고려시대의 지식인이라 자처하던 선비와 관리들이 즐겨 죽죽선녀의 유희소로 모였고, 그들은 죽죽선녀의 유희소 서쪽 오십천 절벽 위에 절묘하게 세워진 누대를 죽서루라 불렀던 것이다.

죽죽선녀는 강릉 경포대와 연관 있는 홍장과 함께 강원도 내에서는 처음으로 등장하는 기녀이다. 물론 많은 기녀들이 있었겠지만 역사상 그 이름이 알려진 기녀로서는 최초의 여성이다.

우리나라에서 기생이 언제부터 생겼는지 확실한 증거는 없다. 역사기록
으로는 삼국사기에 진흥왕 37년(576) 봄 원화(源花)를 뽑은 것(남모와 준
정⇒화랑)이 기생의 시작이라고 주장하는 학자들도 있지만 그 또한 명확
한 것은 아니다. 그러나 신라 김유신의 기생이야기가 나오는 것으로 보아
신라시대부터 기생이 있었다고 보이고, 고려사의 기록으로 보면 6대 현종
(1009‐1030) 때부터 기생제도가 있었음을 알 수 있다. 고려의 의종·예
종·문종시대의 여악(女樂) 창우잡기(倡優雜技)는 곧 기생을 말함인데 당
시 이들은 재색이 있고 노래와 춤이 능한 여자노비 중에서 선발하여, 교
방에서 교육을 시킨 후 연회장에 참여하게 했다.

이때만 해도 기생은 정식 기적, 즉 기생족보에 오르지 않은 듯하다. 그
러나 23대 고종(1213‐1274) 때에 오면 기생을 기적에 올리기 시작한다.
고종 때 이지영이 자운선이란 기생을 기적에 편입시킨 것이 최초인 것으
로 알려지고 있다. 이지영이 자운선을 첩으로 삼았고, 이지영이 죽은 다
음에는 최충헌이 자운선을 첩으로 삼았다. 충렬왕 때에는 자운선처럼 된
기녀가 상당히 많았을 것으로 추측된다. 그러니까 죽죽선녀는 충렬왕 대
이전의 여성이었을 것으로 보인다. 죽죽선녀가 실제 인물인지, 전설 속의
인물인지 확인할 길은 없지만 고려 23대 고종 이전의 기적에 올라 있지
않은 자유인이었을 것이 확실하다.

기생은 신분이 천하더라도 위로 임금과 정승의 벗이 될 수 있고, 연인
이 될 수도 있었다. 아래로는 무명한량들의 벗이요 연인일 수도 있었다.
그러자면 젊어야 하고, 아름다워야 하고, 지조가 높아야 하고, 노래와 춤
과 시와 그림이 뛰어나야 했다. 그러므로 기생들은 봉건시대에 가장 첨단
을 걷던 자유여성들이었다고 하겠다. 죽죽선녀 역시 삼척을 오가는 관료
시인 묵객들과 벗하고 지냈던 자유여성이었다.

두타산이 가부좌를 틀고 앉아 있는 부처님처럼 멀리 좌정하고, 근산 갈
야산 봉황산이 병풍처럼 펼쳐진 가운데 푸른 오십천이 흘러내리다가 한
바퀴 감도는 천길 절벽 위에 한복을 곱게 차려입은 여인처럼 자리한 죽서
루는 오늘도 관동제일루의 의 를 뽐내고 있다. 그 죽서루에서 남아대장부
들과 노래하며 춤추며 시를 짓던 죽죽선녀, 자연은 의구한데 인걸은 간 데
없다는 말은 죽죽선녀를 두고 한 말 같다(김영기, <실직국의 인맥>).

2) '죽서루詩'를 남긴 여류시인 - 이옥봉(李玉峰)

옥봉의 이름은 원(媛)이며, 옥봉은 그녀의 호이므로 흔히 이옥봉이라 부른다. 옥봉은 조선 선조대왕의 아버지인 덕흥대원군의 후손으로, 충북 옥원군수를 지낸 이봉(李逢 또는 李逢之)의 서녀였다. 비록 서녀였지만 왕손으로서 그녀의 집안은 당당했고, 또 지위도 높았다. 생몰연대는 정확히 알 수 없으나, 선조 때의 이항복·유성룡·정철 등과 교류가 있었다는 사실로 미루어 보아 주로 16세기 후반에 활동하였으리라 추측할 수 있다.

옥봉은 출가했다가 일찍 남편을 여의었다. 조선시대에는 한 번 결혼했던 여성은 재혼할 수 없었으므로 옥봉은 수절하면서 고독을 달랬다. 그녀는 다행히 시문이 능했기 때문에 시를 짓는 것으로 세월을 보냈다. 옥봉의 시는 재기발랄한 풍류를 갖추고 있어서 많은 사람들의 칭찬을 받았다. 그녀의 시가 우연히, 승지벼슬까지 하게 되는 조원[35](趙瑗, 1544 - 1595)에게 알려졌고, 조원은 시작품으로서 그녀를 존경하게 되었다.

그러던 어느 날 옥봉이 조원을 만나게 되었는데 그때 조원의 늠름한 모습에 반하여 사모하는 마음이 생겼다. 홀로 있던 옥봉은 조원에게 첩이 되길 간청했지만 선비의 법도에 철저했던 조원은 이를 허락하지 않았다. 옥봉과 조원의 사랑과 풍류는 장안의 화제가 되었으나 그들의 사랑은 맺어지기 힘든 것이었다. 그러나 극적으로 사랑은 맺어졌다. 조원의 장인이 나서서 사위에게 옥봉을 첩으로 맞이하도록 한 것이다. 옥봉과 조원의 사랑은 그처럼 조선시대에는 파격적인 것이었다.

옥봉이 삼척에서 출생한 것도 아니고, 집안의 연고가 없는데도 삼척의 여성으로 알려지게 된 데에는 두 가지 이유가 있었다. 하나는 삼척에서 일시 살았다는 것이고, 다른 하나는 삼척 죽서루에 대한 유명한 시문을 남겼기 때문이다.

옥봉을 첩으로 맞아들인 조원이 삼척부사로 부임할 때 옥봉이 따라와 부중에 살았다. 그런 연유로 삼척부사의 첩이던 그녀가 삼척부의 기생이라 와전되기도 했다. 옥봉이 조원을 따라 삼척으로 올 때 영월에 들리게 되는데, 그때 단종 능을 지나던 회포를 읊은 것이 [영월도중시]이고, 삼척에 와서 그 유명한 [죽서루시]를 남긴다. 이승휴가 죽서루에 올라 지은 시로부터 고려 조선에 이르기까지 많은 시가 있지만 옥봉의 시를 따르지 못한다는 것이 전문가들의 평가이다.

옥봉의 죽서루시는 그만큼 유명했고, 찬사를 받았다. 죽서루시편은 짧으면서도 자연과 인생과 우주를 포괄적으로 그리고 상징적으로 읊었다.

> "강에 잠긴 갈매기의 품은 넓고도 넓고/하늘을 나는 기러기의 시름은 길기도 하네"

5언 절구 10자에 옥봉은 죽서루 풍광을 형이상학적으로 끌어올렸고, 자기의 인생까지 상징적으로 나타낼 수 있었다.

옥봉의 진면목은 사랑의 시에서 동서고금에 독보적인 데가 있다. 옥봉의 사랑 시만큼 간절하고, 정열적이고, 혼이 가득 찬 것이 없다. 옥봉은 이웃에 살던 남자가 소 도둑질로 관가에 끌려간 뒤 그 아내가 눈물로 지새우는 것을 보고 그 여인의 슬픈 신세를 글로 적어 주었다. 그 간절한 글을 보고 관원은 그 사람을 석방해 주었다. 그런데 이 사건을 조원이 알게 되고, 부녀자가 함부로 공사에 관여한다고 옥봉을 내보냈다. 옥봉은 사랑하는 남편에게 버림을 받지만 간절한 사랑을 읊었다.

> 요즈음 어떻게 지내시나요/사창에 달이 뜨니 한만 서려요/꿈 속에 오고간 길 흔적이 난다면/그대 문 앞 돌길은 모래가 되겠네요

> 온다던 그대 왜 이리 늦을까/뜰에는 벌써 매화가 지는데/까치가 운다 임이 오시려나/공연히 거울 들고 눈썹 그리네

> 내일 밤이야 짧든 말든 이 한밤만 길었으면/저 닭아 울지 마라 네가 울면 날이 새리/가실 님 생각하니 눈물만 앞서노라

조선시대 허난설헌이 규수시인 가운데 으뜸이고, 매창이 기생 가운데 첫째 시인이라면, 옥봉은 부실(副室) 가운데 최고의 시인으로 평가되고 있다. 옥봉이야말로 한국여인의 사랑과 소망을 읊은 로맨티스트요 사랑의 여류시인이었다.(김영기, <실직국의 인맥>)

3) 죽서루의 가객 - 심동로

삼척 심씨의 시조이며, 죽서루의 가객(佳客)으로 이름 높았던 심동로는 고려 공민왕 원년(1352)에 통천군수를 지낸 분이다. 본래 이름은 한(漢), 호는 신재(信齋)이며 검교(檢校)로 있던 심수문의 아들이었다.

심동로는 고려 말 충혜왕 3년(1342) 생진과에 차석으로 합격하여 그해 가을 직한림원사, 성균관학록이 되었으며, 1351년에는 내직으로 들어가 우정언이 되었다.

그 후 공민왕 10년(1361)에는 봉선대부 중서사인 지제고라는 높은 벼슬에 올랐으나 심동로는 연로하신 부모를 모시기 위해 지방수령으로 나가기를 원했을 정도로 효성스런 분이었다.

강원도 통천군수를 지내면서 고려 말의 어지러운 정사를 바로잡고자 했으나 여의치 않게 되자 벼슬을 버리고 고향으로 내려갈 수 있게 해 달라고 임금에게 간청했다. 공민왕은 여러 차례 그의 마음을 되돌리고자 했으나 의지가 워낙 굳어서 어쩔 수 없이 귀향을 허락하면서 그 뜻을 높이 사서 '노인이 동쪽으로 돌아간다'는 뜻으로 동로(東老)라는 이름을 내렸다고 한다. 이로부터 심한이란 이름 대신 심동로라고 부르게 되었다.

목은(牧隱) 이색(李穡)이 학사승지가 되었을 때 왕에게 다음과 같이 아뢰었다. "심동로는 신보다 학식이 높고, 나이도 신보다 많으며, 벼슬길도 먼저 올랐으니 신의 직책을 그에게 내려 주십시오." 공민왕이 이색의 청을 받아들이지 않았지만, 당대 유학의 거장인 이색이 그러한 말을 하였을 정도이면 심동로가 어떠한 인물인지 짐작하고도 남을 것이다.

당시에 김구용이 안사가 되어 삼척에 왔을 때 심동로를 찾아와서 그가 거처하는 집을 방문하여 심동로의 호인 '신계'라는 글씨를 직접 써서 편액으로 그의 집에 걸어 주었다. 이처럼 삼척으로 오는 많은 관원들은 반드시 심동로를 찾아와서 나랏일을 함께 논하고 시를 지었던 것을 알 수 있다.

고려 충렬왕 8년(1282) 원나라에서 진사 급제 후 돌아와 예빈시승의 벼슬에 있던 이구(李球)는 "관동의 군자는 두 사람으로 심동로와 최복하다."

라고 평했는데 그 시의 내용은 다음과 같다.

> "삼척의 관루는 죽서루이고/누 중의 가객은 심중서로다/지금과 같이 백발임
> 에도/시와 술에 의탁하여/한가한 나를 위해 자리를 베풀었네"

심동로는 삼척에 살면서 날마다 죽서루와 해암정을 오가며 시를 썼다. 추암 능파대 서쪽에 지은 해암정은 삼척의 해금강이라 할 만큼 경치가 좋으며, 해암정 서쪽 신재공이 은거했던 터를 '신대감터'라고 부른다. 세조 7년(1461) 체찰사 한명회는 이곳에 들러 능파대(陵波臺)라 이름을 지었고 1530년 안찰사 심언광이 중건했으며, 1675년 송시열이 해암정 현판을 남겼다고 한다. 이 심동로가 은거하던 곳은 지금의 동해시 추암동 산기슭인데 이곳을 휴산(休山) 또는 퇴평(退坪)이라 하며 1931년 후손들이 그 자리에 유허비를 세웠다.

심동로는 삼척에서 후학들을 모아 글을 가르치며 훌륭한 인재를 양성하는 데 남은 인생을 다 바쳤다. 그러므로 삼척지방의 학풍을 진흥하는 데에도 큰 역할을 했다고 볼 수 있다. 만년에는 나라에서 예의판서와 집현전제학을 내렸으나 사양하고 부임하지 않았다. 또한 임금은 식읍(食邑)을 하사하고, 진주군(眞珠君)으로 봉했으나 끝내 부임하지 않고 산수와 시를 벗하였다.

심 씨가 삼척을 본관으로 한 것은 심동로의 유연에 따른 것이라 한다. 그의 덕행과 문장은 (해동명신록)에 수록될 정도이다. 삼척의 자랑인 관동팔경 제1루 '죽서루'와 심동로는 이러한 인연이 있었다.

※ 해암정(海岩亭) 강원도 유형문화재 63호. 고려 공민왕 10년(1361) 진주군 심동로가 처음 창건하였으나 소실되고, 조선 중종 25년(1530) 어촌(漁村) 심언광(沈彦光)이 중건하였다.

부록

1. 정선(鄭敾, 1676~1759), 죽서루

〈관동명승첩(關東名勝帖)〉

간송미술관 소장

정선(鄭敾, 1676~1759)의 죽서루 그림, 간송미술관 소장

겸재 정선의 〈관동명승첩(關東名勝帖)〉에 있는 죽서루의 그림이다. 진경산수화(眞景山水畵)의 종장(宗匠)인 겸재 정선과 단짝을 이룬 진경시(眞景詩)의 종백(宗伯)은 영조시대 최고의 시인이었던 사천 이병연이었다. 이병연은 1732년(영조 8)에 삼척부사로 부임하여 1736년까지 재임하였다. 마침 정선도 지금의 포항시 청하현감으로 1733년에 부임하여 1735년까지 재임하였다. 이때 당대 최고의 화가 정선과 당대 최고의 시인 이병연은 함께 동해안의 뛰어난 경치를 구경하면서 감흥을 시인은 시로써 노래하고, 화가는 그림으로 노래하였다. 정선의 〈관동명승첩(關東名勝帖)〉은 바로 이때 그려진 그림이다.

응벽담 위 절벽 높은 낭떠러지 위에 큰 집이 셋이 자리하고 있다. 가운데 죽서루가 2층 누각으로 반듯하게 자리 잡고 그 동쪽으로 연근당이 벼랑 끝에 아슬아슬하게 경영되었으며, 서쪽으로는 응벽헌이 바위 뒤에 살짝 숨어 있다. 응벽헌 서쪽으로 나 있는 돌길을 암시하기 위해 절벽에 사다리를 걸쳐 놓았는데 이를 타고 응벽담에 떠 있는 배에 오르내렸다. 응벽담 위로 미끄러지듯이 오르락내리락하는 놀이배 위에는 세 명의 선비가 죽서루를 올려다보면서 그 경치에 취해 있고 누각 위에는 기생 셋이 서성대며 이들을 기다리고 있다. 곧 누각에서는 음악이 흐르는 연회가 베풀어질 것이다. 진경산수화의 진면목을 볼 수 있다.

2. 김홍도(金弘道, 1745~?), 죽서루

≪금강산군첩≫(1788년)
개인소장

김홍도(金弘道, 1745~?)의 죽서루 그림

정조는 김홍도에게 금강산과 관동팔경을 비롯한 영동 지방 절경을 그려 오도록 어명을 내렸다. 정조의 어명을 받은 김홍도는 44세가 되던 해 가을에 관동 지방의 해산승경(海山勝景)을 그림으로 그렸다. 이 그림은 정조가 실경(實景)을 보고 싶어 내린 지엄한 어명을 의식하고 사진에 가까울 만큼 치밀하고 정성을 다한 필치를 보여준다. 정조는 이 그림을 직접 보고 그 감흥을 칠언절구로 노래하였다.

3. 작자미상, 죽서루

〈관동십경(關東十境)〉
서울대 규장각 소장

작자미상, 서울대 규장각 소장

    <관동십경(關東十境)> 시화첩은 영조 때 이조판서에까지 오른 김상성 (金尙星)이 강원도 관찰사로 부임하여 1746년(영조 22) 봄 강원도 내 여러 고을을 순시하면서 화원에게 그림을 그리게 하고, 그 화첩(畫帖)을 친한 이들에게 돌려보게 한 후 제영시를 받아 1748년(영조 24)경에 시화첩으로 완성하였다. 시화첩은 시서화(詩書畫) 삼절(三絶)을 구현하고자 했던 당시 사람들의 생각을 가장 잘 담고 있는 것이다. <관동십경(關東十境)>

은 시와 그림이 어우러져 시 속에 그림이 있고 그림 속에 시가 있는데다 글씨 또한 초서체로 된 것이 많아서 회화적 품격을 더욱 높이고 있다.

<관동십경(關東十境)> 가운데 죽서루도(竹西樓圖)는 위에서 죽서루를 내려다보듯 굽이쳐 흐르는 오십천을 화폭 가운데 배치하여 강물의 흐름과 주변 풍경을 한눈에 볼 수 있다. 강변의 절벽과 그 위에 자리한 죽서루, 진주관이 고즈넉이 자리 잡고 강 건너 모래톱을 굽어보고 있다. 모래톱에는 물새가 노닐고 둔덕에는 소나무가 숲을 이루고 있다. 오십천 강물에는 배가 떠 있고 마을에는 다리도 하나 걸쳐 있다. 또한 오십천을 감싸안은 양안(兩岸)의 산세를 수려하게 그리고 동쪽 산 능선으로 붉게 떠오르는 해를 멋스럽게 처리했다.

4. 강세황(姜世晃, 1713~1791), 죽서루

〈풍악장유첩(楓嶽壯遊帖)〉
국립중앙박물관 소장, 1788년경 지본수묵 33.0×48.0㎝

강세황(姜世晃, 1713~1791)의 죽서루 그림, 국립중앙박물관 소장

　　강세황이 금강산을 유람한 것은 76세가 되던 해인 1788년이었다. 그해 8월에 아들 강인이 회양부사로 부임하게 되자 그곳에 머무르다 정조의 어명을 받은 김홍도, 김응환과 함께 금강산에 오르게 되었다. 당시 금강산과 유람하면서 그린 것이 바로 〈풍악장유첩(楓嶽壯遊帖)〉이다. 그가 금강산을 유람한 것은 화첩에 붙인 제목에서도 알 수 있듯이 유람을 통하여 단지 흥취를 경험하기 위한 것이라기보다는 사마천의 장유관(壯遊觀)을 토대로 견문을 넓히기 위한 목적이었다.

<풍악장유첩(楓嶽壯遊帖)> 가운데 있는 죽서루 그림은 단원 김홍도와 거의 같은 시기에 그려진 그림이어서 서로 비교하면서 보면 강세황과 김홍도의 차이를 느낄 수 있다. 임금에게 바쳐야 하는 김홍도의 그림이 사실적이고 공적인 화원의 전형적인 모습을 보여주는 것이라면, 강세황의 그림은 사적인 문인의 전형적인 문인화의 특성을 지니고 있다.

5. 허필(許佖, 1709~1768), 죽서루

〈관동팔경도병(關東八景圖屛)〉

선문대학교 박물관 소장, 18세기 지본담채 85.0×42.3㎝

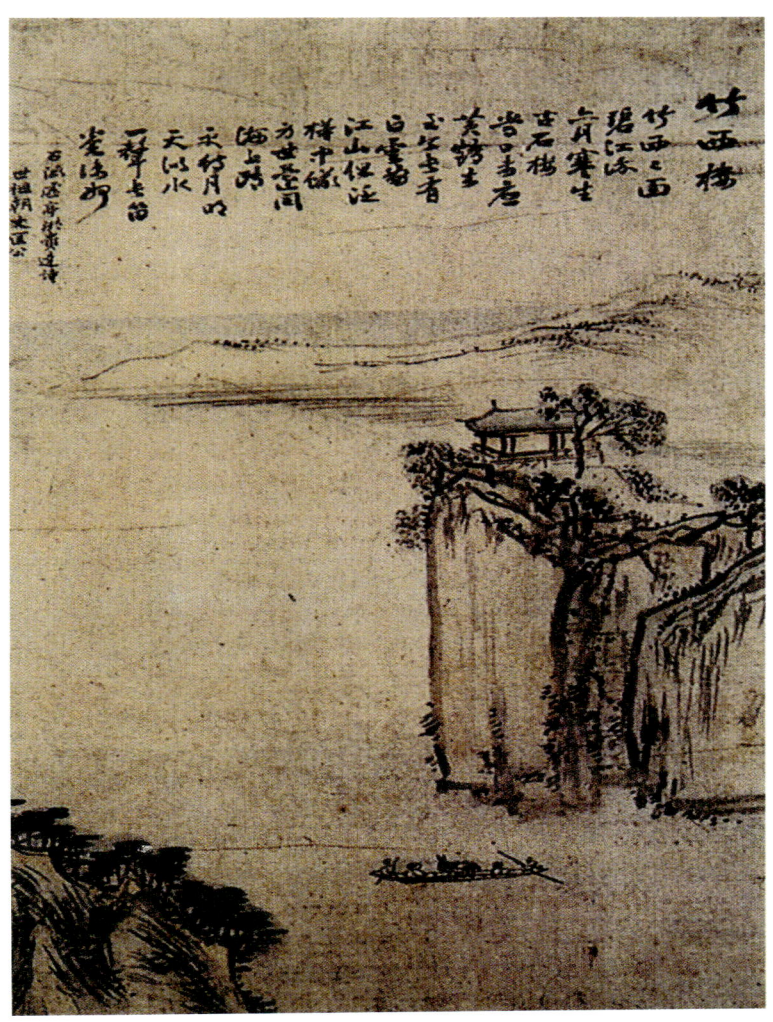

허필(許佖, 1709~1768)의 죽서루 그림, 선문대학교 박물관 소장

　허필(許佖)은 문인화가로 강세황과 함께 막연하게 교유하며 조선 후기
화단에 남종화풍을 정착시키는 데 기여하였다. 이 작품은 그 규모와 화격,
화풍의 특성상 그의 대표작으로 평가될 수 있는 작품이며, 문인화가가 그
린 관동팔경도로 드문 예이다.

6. 엄치욱(嚴致郁, 생존연대 미상), 죽서루

〈가장첩(家藏帖)〉
국립중앙박물관 소장, 19세기 지본담채 28.0×39.0㎝

엄치욱(嚴致郁, 생존연대 미상)의 죽서루 그림, 국립중앙박물관 소장

　　엄치욱(嚴致郁)은 자는 경지(敬之), 호는 관호(觀湖)라 하고, 본관은 영월로 전해지고 있으나 그의 행적에 관해서는 자세히 알려져 있지 않다. 다만 그의 화풍은 김홍도의 작품과 유사한 경향을 보이고 있어 단원의 화풍을 전수받은 화가로 생각된다.

죽서루 그림은 다른 작가들의 작품이 모두 오십천 건너편에서 절벽 위에 있는 죽서루를 그린 것과는 대조적으로 죽서루의 남서쪽 측면에서 죽서루를 바라보고 그린 것이 다른 점이다. 죽서루에 묘사된 바위의 필법은 김홍도의 영향을 반영하는 동시에 남종화풍의 분위기가 엿보인다.

7. 작자미상, 죽서루

죽서루 민화. 소장자 미상

작자미상

죽서루에 올라 난간에 기대어 서면
사람은 공중에 떠 있고 강물은 아래에 있어
파란 물빛에 사람의 그림자가 거꾸로 잠긴다.

  ─조선시대 문인 박충의 「동경기행」 중에서

차장섭

▌약 력

1958년 경북 포항 출생
경북대학교 인문대 사학과 졸업
동 대학원 석·박사
조선사연구회 회장을 역임
현) 강원대학교 삼척캠퍼스 교양학부 교수
현) 강원도 문화재전문위원

▌주요논문 및 저서

≪조선후기 서얼연구≫, ≪고요한 아침의 땅 삼척≫
외 다수

배재홍

▌약 력

1959년 경북 구미 출생
경북대학교 인문대 사학과를 졸업
동 대학원에서 석·박사
현) 강원대학교 삼척캠퍼스 교양학부 교수

▌주요논문 및 저서

≪조선시대 삼척지방사 연구≫, ≪국역 척주지≫, ≪국역 척주선생안≫, ≪국역 삼척국지≫
외 다수

김태수

▌약 력

1959년 강원도 삼척 출생
안동대학교 민속학과 박사 과정 수료
현) 삼척시립박물관 학예연구사
현) 한중대학교 연구교수

▌주요논문 및 저서

≪삼척의 설화집≫, ≪삼척의 민속예술≫, ≪성기숭배 민속과 예술의 현장≫,
≪삼척시 지명지≫ 외 다수

초판인쇄 | 2010년 5월 14일
초판발행 | 2010년 5월 14일

지은이 | 차장섭·배재홍·김태수
사　진 | 심영진(삼척시청 사진작가)
펴낸이 | 채종준
펴낸곳 | 한국학술정보㈜
주　소 | 경기도 파주시 교하읍 문발리 파주출판문화정보산업단지 513-5
전　화 | 031) 908-3181(대표)
팩　스 | 031) 908-3189
홈페이지 | http://www.kstudy.com
E-mail | 출판사업부　publish@kstudy.com

등　록 | 제일산-115호(2000. 6. 19)

ISBN　978-89-268-1010-1 93980 (Paper Book)
　　　　978-89-268-1011-8 98980 (e-Book)